高等院校工程造价专业系列规划教材

GONGCHENG DINGE YUANLI

工程定额原理（第2版）

李锦华 郝　鹏 主编

電子工業出版社
Publishing House of Electronics Industry
北京 · BEIJING

图书在版编目（CIP）数据

工程定额原理 / 李锦华，郝鹏主编. —2 版. —北京：电子工业出版社，2015.1
高等院校工程造价专业系列规划教材
ISBN 978-7-121-24810-8

Ⅰ. ①工… Ⅱ. ①李… ②郝… Ⅲ. ①建筑概算定额－高等学校－教材 Ⅳ. ①TU723.3

中国版本图书馆 CIP 数据核字(2014)第 273441 号

策划编辑：晋　晶
责任编辑：杨洪军
印　　刷：北京七彩京通数码快印有限公司
装　　订：北京七彩京通数码快印有限公司
出版发行：电子工业出版社
　　　　　北京市海淀区万寿路 173 信箱　邮编 100036
开　　本：787×980　1/16　印张：12　字数：223 千字
版　　次：2010 年 4 月第 1 版
　　　　　2015 年 1 月第 2 版
印　　次：2023 年 7 月第 13 次印刷
定　　价：34.00 元

凡所购买电子工业出版社图书有缺损问题，请向购买书店调换。若书店售缺，请与本社发行部联系，联系及邮购电话：（010）88254888,88258888。
质量投诉请发邮件至 zlts@phei.com.cn，盗版侵权举报请发邮件至 dbqq@phei.com.cn。
本书咨询联系方式：（010）88254199，sjb@phei.com.cn。

第2版前言

市场经济条件下，实现资源结构的优化配置要依靠自由竞争机制的形成。在我国建筑领域，竞争机制主要体现在建设工程的工程造价竞标上，而竞标能否获胜取决于资源消耗量，即工程定额的水平。随着低碳环保、可持续发展理念的蔓延，在工程建设规模大幅提升的今天，超级耗能大户建筑业已成为需要重点变革的对象。再者，在建筑工程造价的预算管理中存在的概算超估算、预算超概算的问题都需要有先进的工程定额。通过建立反映企业管理水平和生产力水平的工程定额，实现降低工程造价，合理利用资源，提高工程质量的目的。

鉴于2013年《住房城乡建设部 财政部关于印发〈建筑安装工程费用项目组成〉的通知》（建标［2013］44号）和《建设工程工程量清单计价规范》（GB 50500—2013）以及建设施工合同示范文本的先后出台与实施，在部分内容和要求上发生了变化；还有，为了更好地实现专业应用型人才培养目标，使本教材更符合实训的需要，实操性更强，在完善理论的同时增加学生定额编制的上手能力，因此决定对此书进行修编提升。

本次修编，一是对有些理论内容进行完善、补充和规范，使其与现行有关部委的规定、规章相统一；二是为了突出其应用性，强调实际操作技能的培养和训练，增加了实例和实训题。

全书由李锦华负责修编并统稿。在此对郝鹏老师为本书修编提出的有益修改建议表示感谢。由于编者水平有限，书中难免有不当和错误之处，恳请读者批评指正。

编　者

第1版前言

随着我国市场经济体制改革的不断深入，建设市场日渐成熟与规范，加上各地工程建设规模与速度迅速提升，建设工程造价的确定与规划工作越来越受到建设各方的重视。对建设工程进行合理准确计价，有利于建筑产品在市场竞争环境下进行公平交易，维护建设各方利益。而实现合理准确计价的主要依据是工程定额。

工程定额无论在工程造价规划过程中还是造价控制过程中都有着举足轻重的作用，因而科学合理地编制工程定额和应用工程定额对提高工程计价质量具有重要的现实意义。

为了满足工程建设领域和高等院校工程管理、工程造价专业及相关专业培养目标的需要，编者结合多年的教学经验，撰写了本书。在编写过程中编者们始终坚持以下指导思想：

（1）根据高等院校工程管理专业和工程造价专业学生的就业特点，力求做到理论性与实践性相结合，在吸收有显著特色和针对性较强的理论的同时，注意理论的深度、广度和实践指向，突出其应用性，注重强调实际操作技能的培养和训练，结合典型工程实例进行编写。

（2）在内容上反映了我国工程计价管理方面新的思想、新的要求与规范、最新基础定额，尽量吸收类似和相关教材精华并反映国内外的最新动态。

（3）在知识结构上以工程定额原理为主线，按照案例式教学模式组织教材内容，突出重点，深入浅出，在详细讲解定额编制方法的同时，通过案例和习题引导学生掌握原理和方法，提高实践能力。

（4）在教材结构设计上，每章前面有学习目标，结束有复习思考题等，便于学生学习和巩固所学知识。

本书主要面向工程造价、工程管理及相关专业的学生，同时兼顾了业主单位和承包商对相关知识的需求，因而具有较广泛的适用性。

本书共9章，其中，第1、5、7、8章由天津城市建设学院李锦华编写，第2~4章由天津城市建设学院郝鹏、王艳娜编写，第6章由李锦华、王莉编写，第9章由天津城市建设学院马辉、张睿编写。全书由李锦华、郝鹏负责统稿。本书的编写参考了大量同类专著和教材，书中直接或间接引用了参考文献所列书目中的部分内容，在此一并表示感谢。天津城市建设学院管理工程系董肇君教授曾审阅全书初稿，并提出了许多修改建议，在此表示衷心的感谢。

由于编者水平有限，书中难免有不当和错误之处，恳请读者批评指正。

编　者

目　录

第 1 章　工程定额原理概论

学习目标

☑ 一般训练对工程定额管理的原则与任务的理解领会能力

☑ 一般训练对工程定额管理的内容和管理机构领会能力

☑ 一般训练对工程定额管理人员的素质要求和知识结构的领会能力

☑ 重点训练对工程定额基本概念与作用的理解领会能力

☑ 重点训练对工程定额种类和定额体系的理解领会能力

1.1　工程定额概述

1.1.1　工程定额的含义

在社会生产中，生产一种合格的产品就要消耗一定数量的人工、材料、机具、机械台班和资金。而这种消耗数量受各种生产条件的影响，所以各不相同。在一件产品中，这种消耗越大，则产品的成本越高，在产品价格一定的条件下，企业的盈利就会降低，对社会的贡献也就较低，因此，降低产品生产过程中的消耗有着十分重要的意义。但是这种消耗不可能无限地降低，它在一定的生产条件下，必然有一个合理的数量。所以有必要根据一定时期的生产水平和产品质量要求，规定出一个合理的消耗标准，这种标准就是定额。因而，定额的定义可以表述为：在合理的劳动组织和合理地使用材料和机械的条件下，完成单位合格产品所需消耗各种资源的数量标准。

工程定额就是指在一定的社会生产力发展水平，正常的施工条件和合理的劳动组织，合理地使用材料和机械的条件下，规定完成单位合格工程产品所需消耗的各种资源的数量标准。这种量的规定，反映出完成工程中的某项合格产品与各种生产消耗之间特定的数量关系。这里，工程是指某一项具体的建设工作，如建设工程、土木工程等。

定额是一种标准，是一种衡量资源消耗的尺度。定额中数量标准的高低称为定额水平。定额水平是一定时期生产力水平的反映。它与操作人员的技术水平，机械化程度，新材料、新工艺及新技术的发展和应用有关，与企业的组织管理水平和全体技术人员的劳动积极性有关。所以定额不是一成不变的，而是随着生产力水平的变化而变化的。确定定额水平是编制定额的核心，定额水平与劳动生产率的高低成正比，与资源消耗量的多少成反比。不同的定额，定额水平也不相同，一般有平均先进水平和社会平均水平之说。

要掌握工程定额的概念需要理解以下几方面的内容：

（1）“一定的社会生产力发展水平”说明了定额所处的时代背景，定额应是这一时期技术和管理水平的反映，是这一时期的社会生产力水平的反映。

（2）“正常的施工条件”用来说明该单位产品生产的前提条件，如浇筑混凝土是在常温下进行的，挖土深度或安装高度是在正常的范围以内等；否则，就应有在特殊情况下相应调整定额的规定。

（3）“合理的劳动组织，合理地使用材料和机械”是指定额规定的劳动组织应科学合理，生产施工应符合国家现行的施工及验收规范、规程、标准，材料应符合质量验收标准，施工机械应运行正常。

（4）“单位合格工程产品”中的单位是指定额子目中的单位，定额子目是指按工程结构分解的最小计量单元。由于定额类型和研究对象的不同，这个“单位”可以指某一单位的分项工程、分部工程或单位工程。例如，$1m^3$钢筋混凝土基础、$1m^2$场地平整、1座烟囱、$10m^3$钢筋混凝土桩基础等。在定额概念中规定了单位产品必须是合格的，即符合国家施工及验收规范和质量评定标准的要求。

（5）“资源消耗标准”是指施工生产中所必须消耗的人工、材料、机械、资金等生产要素的数量标准。

由此可见，工程定额不仅规定了工程投入和产出的数量关系，而且还规定了具体的工作内容、质量标准和安全要求。因此，定额是质量、数量和安全的统一体。

1.1.2 工程定额的产生和发展

1. 我国工程定额的产生和发展

据史书记载，我国自唐朝起，就有国家制定的有关建筑事业的规范。

在《大唐六典》中有这类条文。当时按四季日照的长短，把劳力分为中工（春、秋）、长工（夏）、短工（冬）。工值以中工为准，长工、短工各增减10%。每一工种按照等级、大小和质量要求，以及运输距离远近，计算工值。这些规定为编制预算和施工组织订出了严格的标准，便于生产，也便于检查。

宋初，在继承和总结的基础上，由私人著述的《木经》问世。到1103年，北宋政府颁行的《营造法式》，可以说是由国家制定的一部建筑工程定额。《营造法式》的编订，始于王安石执政时期，由将作监于1091年编修成书。但由于缺乏用料制度，因此难以防止贪污浪费之弊。1097年李诫重新修订，于1100年成书，1103年刊发。《营造法式》将工料限量与设计、施工、材料结合起来的做法，流传于后，经久可行。

清代初期，经营建筑的国家机关，又分设了“样房”和“算房”。样房负责图样设计，算房则专门负责施工预算。这使得定额的使用范围扩大，定额的功能也有所增加。

从新中国成立以后，我国的工程定额经历了一个从无到有，从建立发展到削弱破坏，然后又整顿发展和改革完善的曲折过程。1951年制定了东北地区统一劳动定额。1952年前后，华东、华北等地也相继编制劳动定额或工料消耗定额。1953年劳动部和建筑工程部联合编制了《全国统一建筑安装工程劳动定额》，1956年编制了全国统一施工定额。1957年颁布的《关于编制工业与民用建设预算的若干规定》规定各不同设计阶段都应编制概算和预算，明确了概预算的作用。1958年开始，受“左”的错误指导思想的影响，建设工程定额受到弱化，直到1962年，国家建筑工程部正式修订颁发了《全国建筑安装工程统一劳动定额》，十年动乱时期，概预算和定额管理机构被“砸烂”。动乱结束后，国家建工总局为恢复和加强定额工作，1979年编制并颁发了《建筑安装工程统一劳动定额》。之后，各省、直辖市、自治区相继设立了定额管理机构，并编制了本地区的建筑工程施工定额。1985年，国家城乡建设环境保护部修订颁发了《全国建筑安装工程统一劳动定额》和《建筑安装工程工期定额》。1995年，原建设部按照量价分离的原则，又颁发了《全国统一建筑工程基础定额》（土建工程），同时颁布了《全国统一建筑工程预算工程量计算规则》。2000年修订并发布了《全国统一建筑安装工程工期定额》。

2．国外工程定额的产生和发展

虽然我国在很早以前就存在着定额的制度，但未明确定额的形式。国际公认定额产生于19世纪末资本主义企业管理科学的发展初期。最早提出定额制度的是美国工程师泰勒。当时，美国正值工业的高速发展阶段，但同时由于工人的劳动生产率低下，造成机械效率未能充分发挥，"消极怠工"现象严重。为了解决这一严重问题以提高生产效率，泰勒提出按工序分析、动作研究时间分析的方法。重视研究工人的操作方法，对工人劳动中的操作和动作，逐一记录，分析研究每一项动作的合理性，以便消除那些多余无效的动作，制定出最节约工作时间的所谓的"标准操作方法"。同时他也注意研究生产工具和设备对工时消耗的影响，在合理操作的基础上建立了工时定额，在提高劳动生产率方面取得了显著的成果。

制定工时定额实行标准的操作方法，加上采用有差别的计件工资制是泰勒制的主要内容。泰勒制的推行，在提高劳动生产率的同时也给资本主义企业管理带来了根本性的变革和深远的影响。

随着管理科学的发展，定额也有了进一步的发展。它更加重视工作方法研究；一些新的技术方法在制定定额中得到运用；制定定额的范围扩大，大大突破了工时定额的内容，尤其是1945年出现的事前工时定额制定标准更具有特点。它以新工艺投产之前就已经选择好的工艺设计和最有效的操作方法为制定基础，或者以改进原有的作业方法和操作技术为制定基础，编制出工时定额。目的是控制和降低单位产品上的工时消耗。这样就把工时定额的制定提前到工艺和操作方法的设计过程之中，以加强预先控制。

定额伴随着管理科学的产生而产生，伴随着管理科学的发展而发展。

1.1.3 工程定额的作用

工程定额的作用是多方面的，它是实行科学管理和指导建设工程正常进行的必备条件。

1. 工程定额是建设节约型社会、节能降耗的重要手段

工程定额作为资源消耗的数量标准，可以用来控制各种资源的实际消耗。定额为生产者和经营管理者建立了评价劳动成果和经营效益的标准尺度。所以，通过定额的制定和执行可达到控制耗费，节约社会劳动和各种资源的目的，是建立节约型社会、节能降耗的方法和手段。

2. 工程定额是政府宏观调控和监督的依据

对建筑产品，国家不再定价，主要通过招标投标由市场形成价格。目前市场经济条件还不成熟，有许多不规范的行为。因此，市场定价必须有宏观调控和监管，以避免由于市场的无序竞争导致出现工程质量问题和投资失控。政府调控和监督的基本目标是使市场价格反映价值，体现价值规律，工程定额是宏观调控和监督的依据。对于政府投资的项目，工程定额也是政府考核项目法人（建设单位）对项目执行情况的重要指标，是评判其投资控制和项目运作及廉政建设的依据，也可以用来评判项目管理水平的高低。

3. 工程定额是政府管理建设市场和进行工程价格监督的依据

为促进建设市场的健康发展，反对价格欺诈，防止不正当竞争和挤占、挪用建设资金，规范建设市场，工程价格监督检查中，政府发布的有关定额和各个阶段的计价依据是认定不正当竞争价格和不平衡报价的基础，也是工程项目审计中的评判基础。

4. 工程定额是估计和控制工程建设资源消耗量的依据

工程建设需要大量的资金、人力和物力，工程定额可以作为工程建设所需资金和各项资源消耗进行预测、计划、调配和控制的科学依据。

5. 工程定额是施工企业投标报价和进行科学管理的依据

工程定额中所规定的人、材、机消耗标准，可以作为编制施工进度计划、作业计划，下达施工任务，合理组织调配资源，进行成本核算的依据，也是企业开展劳动竞赛，实行计件工资和超额奖励的尺度，还是施工企业进行投标报价的重要依据。

6. 工程定额是建设项目法人（建设单位）或其招标代理机构在确定和控制工程造价时进行经济评价和评判报价合理性的依据

定额指标是项目筛选、进行经济比较的依据，也是确定项目造价的基础。概预算定额是建设单位筹措资金、发包工程、控制造价的依据和目标，也是自我约束、衡量建设管理水平的标准。

在建设工程产品的生产中所消耗的劳动力、材料以及机械设备台班的数量，是构成工程造价的决定因素，而它们的消耗数量又是根据定额确定的，所以说定额是确定工程造价的依据。同时，同一建设工程的设计方案不同，各种资源的消耗量不同，即它们的经济效果不一致，这就需要对方案进行经济技术比较，选择经济合理的方案。因此，定额又是比较和评价设计方案经济合理性的尺度。

7. 定额是编制资源需求计划的基础

在市场经济条件下，国家和企业的生产和经济活动都要有计划地进行。在编制计划时，直接或间接地要以各种定额作为计算人力、物力和资金需用量的依据。

1.2 工程定额的种类及定额体系

1.2.1 工程定额的种类

工程定额是一个综合概念，是工程建设中各类定额的总称，可以按照不同的原则和方法进行科学的分类。

1. 按工程定额反映的物质消耗内容分类

按工程定额反映的物质消耗内容，也就是按生产要素，可以把工程定额分为劳动消耗定额、机械消耗定额和材料消耗定额，如图 1-1 所示。

（1）劳动消耗定额，简称劳动定额。“劳动消耗”，在这里的含义仅仅是指活劳动的消耗，而不是活劳动和物化劳动的全部消耗。劳动消耗定额是完成一定的合格产品（工程实体或劳务）规定活劳动消耗的数量标准。为了便于综合和核算，劳动定额大多采用工作时间消耗量来计算劳动消耗的数量。所以，劳动定额主要表现形式是时间定额，但同时也可表现为产量定额。

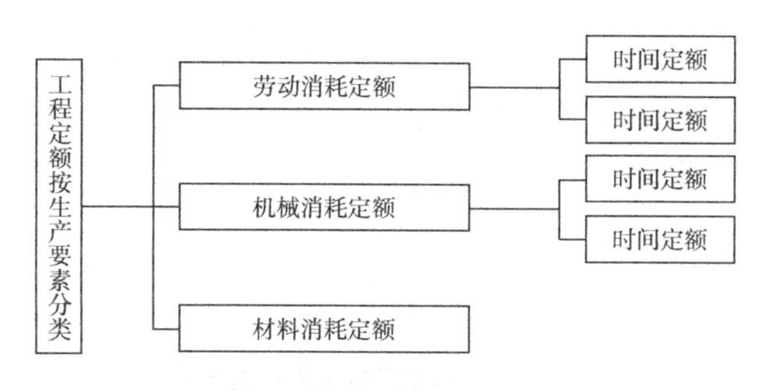

图 1-1　工程定额按生产要素分类

（2）机械消耗定额，简称机械定额。由于我国机械消耗定额是以一台机械一个工作班为计量单位，所以又称为机械台班定额。机械消耗定额是指为完成一定合格产品（工程实体或劳务）所规定的施工机械消耗的数量标准。机械消耗定额的主要表现形式是机械时间定额，但同时也以产量定额表现。

（3）材料消耗定额，简称材料定额。它是指完成一定合格产品所需消耗材料的数量标准。材料是工程建设中使用的原材料、成品、半成品、构配件、燃料以及水、电等动力资源的统称。材料消耗定额在很大程度上可以影响材料的合理调配和使用。在产品生产数量和材料质量一定的情况下，材料的供应计划和需求都会受材料定额的影响。重视和加强材料定额管理，制定合理的材料消耗定额，是组织材料正常供应，保证生产顺利进行，以及合理利用资源，减少积压、浪费的必要前提。

劳动消耗定额、机械消耗定额、材料消耗定额是预算定额、概算定额、概算指标等多种定额的组成部分，是工程定额中基础性定额。

2．按工程定额的编制用途分类

按工程定额的编制用途，可以把工程定额分为施工定额、预算定额、概算定额（概算指标）、投资估算指标、费用定额和工期定额，如图 1-2 所示。

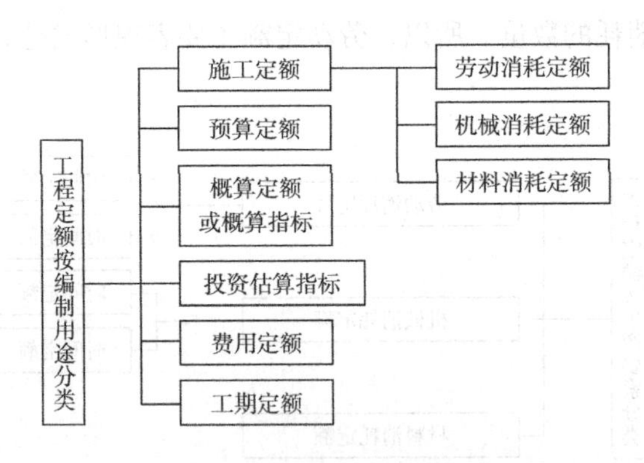

图 1-2 工程定额按编制用途分类

（1）施工定额，是建筑安装企业组织生产和加强管理，在企业内部使用的一种定额，可以称为企业生产定额或企业定额。它由劳动消耗定额、机械消耗定额和材料消耗定额三个相对独立的部分组成。

（2）预算定额，是在施工图设计阶段，计算工程造价（编制施工图预算）和工程中劳动力、机械台班、材料需要量使用的一种定额。预算定额是一种计价性的定额。它是建设单位对拟建工程价格进行测算的依据，也是施工单位编制工程报价的主要参考资料。所以，预算定额在工程定额中占有很重要的地位。而预算定额又是概算定额或投资估算指标的编制基础。

（3）概算定额或概算指标，是在扩大初步设计阶段，计算和确定工程概算造价（编制设计概算），计算劳动力、机械台班、材料需要量所使用的定额。其项目划分的粗细，与扩大初步设计的深度相适应。一般是在预算定额基础上编制的，在项目划分上比预算定额更综合扩大。概算定额是控制项目投资的重要依据，在工程建设的投资管理中有重要作用。

（4）投资估算指标，是在项目建议书、可行性研究和编制设计任务书阶段编制投资估算、计算投资需要量时使用的一种定额。它非常概略，往往以独立的单项工程或完整的工程项目为计量对象。它的主要作用是为项目决策和投资控制提供依据。投资估算指标虽然往往根据历史的预、决算资料和价格变动等资料编制，但其编制基础仍然离不开预算定额、概算定额或概算指标。

（5）费用定额，是按照现行工程造价构成规定计算工程造价时配合预算定额、概算定额等计价性定额使用的一种定额，包括工程建设其他费用定额、管理费定额和施工措施项目费用定额。

1）工程建设其他费用定额，是独立于建筑安装工程、设备和工器具购置之外的其他费用开支的标准。工程建设其他费用主要包括土地征购费、拆迁安置费、建设单位管理费等。这些费用的发生和整个项目的建设密切相关。它一般要占项目总投资的 10%左右。其他费用定额是按各项独立费用分别制定的，以便合理控制这些费用的开支。

2）管理费定额，是指与建筑安装施工生产的个别产品无关，是企业维持经营管理活动所需发生的各项费用开支标准。由于管理费在工程的预算成本中一般要占 20%左右，其中许多费用的发生和施工任务的大小没有直接关系，因此，通过管理费定额的管理，有效地控制管理费的发生是十分必要的。

3）施工措施项目费用定额，是指与建筑安装施工生产直接有关的各项费用开支标准，如冬雨季施工增加费、夜间施工增加费、二次搬运费、大型机械安拆费等。它是编制施工图预算和概算的依据。

（6）工期定额，是为各类工程规定施工期限的定额，包括建设工期定额和施工工期定额两个层次。

建设工期是指建设项目或独立的单项工程在建设过程中所耗用的时间总量。一般用月数或天数表示。它包括从开工建设时起，到全部建成投产或交付使用时止所经历的时间，但不包括由于计划调整而停缓建所延误的时间。施工工期一般是指单项工程或单位工程从开工到完工所经历的时间。施工工期是建设工期中的一部分。例如，单位工程施工工期是指从正式开工起至完成承包工程全部设计内容并达到国家验收标准的全部的施工有效天数。

建设工期是评价投资效果的重要指标，直接标志着建设速度的快慢。缩短工期，提前投产，不仅能节约投资，也能更快地发挥设计效益，创造出更多的物质财富和精神财富。工期对于施工企业来说，也是在履行承包合同、安排施工计划、减少成本开支、提高经营成果等方面必须考虑的指标。但是各类工程所需工期有一个合理的界限，在一定的条件下，工期长短也是有规律性的。如果违背这个规律就会造成质量问题和降低经济效益。工期定额提供了一个评价工期合理与否的标准。在工期定额中应考虑季节性施工因素、地区性特点、工程结构和规模、工程用途及施工技术与管理水平对工期的影响。因此，工期定额可以作为评价工程建设速度、编制施工计划、签订承包合同、评价全优工程的可靠依据。

3．按工程定额颁发部门和执行范围分类

按工程定额颁发部门和执行范围，可以把工程定额分为国家定额、地方定额、行业定额和企业定额。

（1）国家定额，是由国家建设行政主管部门，综合全国工程建设中技术和施工组织管理的情况编制，并在全国范围内执行的定额，如全国统一安装工程定额。国家定额反映一定时期社会生产力水平的一般状况，可作为编制地区单位估价表、确定工程造价、编制招标工程标底的基础，亦可作为制定企业定额和投标报价的基础。

（2）地方定额，包括省、自治区、直辖市定额。地方定额主要是考虑地区性特点和对国家统一定额水平做适当调整补充编制的。由于各地区不同的气候条件、经济技术条件、物质资源条件和交通运输条件等，构成对定额项目、内容和水平的影响，是地区统一定额存在的客观依据。

（3）行业定额，是考虑到各行业部门专业工程技术特点，以及施工生产和管理水平编制的。一般是只在本行业和相同专业性质的范围内使用的专业定额，如矿井建设工程定额、铁路建设工程定额。

（4）企业定额，是指由施工企业根据本企业具体情况，参照国家、部门或地区定额水平制定的定额。企业定额只在企业内部使用，是企业素质的一个标志。企业定额水平一般应高于国家现行定额，才能满足生产技术发展、企业管理和市场竞争的需要。

在市场经济条件下，国家、行业或地方政府部门编制的定额，主要是起宏观管理和指导性作用。企业定额是建筑企业生产与经营活动的基础，地位更为重要。企业定额反映本企业在完成合格产品过程中必须消耗的人、材、机的数量标准，代表企业的技术水平和管理水平。按企业定额计算出的工程费用是本企业生产和经营中所需支出的成本，因此，从某种意义上说，企业定额是本企业的“商业秘密”。在工程投标过程中，企业按自己的企业定额计算出完成拟投标工程的成本，然后在此基础上考虑拟获得的利润和可能的工程风险费用，确定工程的投标报价。由此可见，建筑企业应非常重视企业定额的编制和管理，做好本企业工程估价数据和数据库的建立和管理工作。

4．按工程定额专业分类

按工程定额专业，可以把工程定额分为建筑工程定额、装饰装修工程定额、给排水工

程定额、电气照明工程定额、安装工程定额、公路工程定额、市政工程定额、铁路工程定额和井巷工程定额等。

1.2.2　工程定额体系

从工程定额的分类中，可以看出各种定额之间的有机联系。它们相互区别、相互交叉、相互补充、相互联系，从而形成一个与建设程序分阶段工作深度相适应、层次分明、分工有序的工程定额体系，如图 1-3 所示。

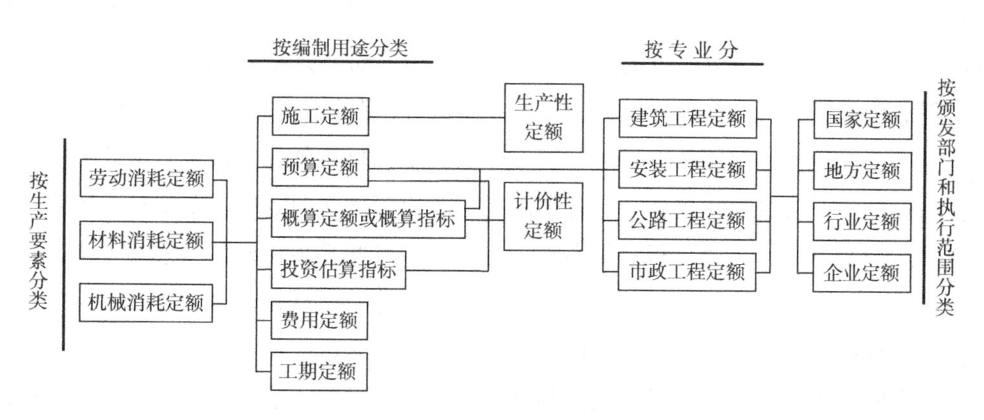

图 1-3　工程定额体系

1.3　我国的工程定额管理

我国的工程定额管理按管理主体可以分为政府有关部门定额管理和企业定额管理两个层面。企业定额管理相关内容见本书第 7 章。

1.3.1　政府有关部门工程定额管理的任务和原则

1. 工程定额管理的任务

工程定额管理的任务是为实现工程建设任务的目标服务。我国工程建设管理的任务，就是合理组织工程建设的经济技术活动。具体来说，就是根据一定时期国民经济发展的总方针、总任务，正确规划工程建设的规模、速度、投资结构和生产力布局；正确进行项目决策；优化设计和施工，最大限度地提高工程建设的经济效益、社会效益和环境效益。

与此相适应，工程定额管理的任务主要体现在以下四个方面。

（1）完善工程定额管理，为实现以市场形成工程价格运行机制服务。在进入21世纪之前，我国建设工程造价改革的基本思路已基本明晰，这就是充分体现市场客体的商品属性，使工程的价格与价值一致，同时能反映建筑市场的供求关系，按照价值规律和等价交换的原则，在合理确定工程造价构成的基础上，进一步理顺价格变动情况，增加宏观调控能力，充分发挥工程造价管理部门引导、监督、调控和服务的职能作用。这就要求不断发展和完善定额管理，使之更适应生产力发展的需要，进一步推动社会和经济的进步。

工程造价管理部门履行监督工程价格形成和运行、保护市场经济健康发展的社会职责，不干预施工企业的投标使用什么定额，使用什么人工、材料预算价格，采用什么标准来确定工程的投标价。通过组织各地区、各部门工程造价管理部门定期发布反映市场价格水平的价格信息和调整指数，对工程造价实行动态调整，以便逐步形成在国家宏观调控下，以市场形成工程价格为主的价格机制。促使企业法人对建设项目投资全过程负责，强化建筑企业经营管理和成本管理，做到按工程个别成本报价，提高企业竞争能力。

（2）不断完善国家基础定额，使其与社会生产力的发展相适应。节约工程建设中的社会劳动是合理利用资源和资金的一个极其重要的方面，是提高工程建设投资效益的标志和主要途径。工程定额管理的任务，就是要通过定额的制定与执行达到控制耗费，节约社会劳动的目的。为此，要不断完善国家基础定额，合理地确定定额水平，使定额水平反映生产力水平。

（3）加强建设工期和施工工期的管理。工程定额管理的任务之一，是通过制定工期定额把建设工期和施工工期限制在合理的范围内，并用以考核和评价投资效果、施工效果，以及合同执行情况，以便为缩短建设工期和施工工期提供出考核和评价的标准尺度。同时通过工期定额的执行，对建设单位和施工企业形成有效的工期约束。

（4）为投资管理和企业管理提供依据。管理的最终目标是提高经济效益。工程定额管理作为投资管理和施工企业管理的一个环节，是基础性的管理工作，一方面，它要适应整个管理工作的需要，受其他管理工作状况的影响和制约；另一方面，工程定额管理的任务也在于用定额强化投资管理和施工企业管理的约束机制，并为其他各项管理工作创造有利的前提。工程定额管理对各项管理形成约束条件的同时，又为它们提供管理依据和大量的管理信息。

2. 工程定额管理的原则

为了充分发挥工程定额在工程建设与管理中的作用，保证工程定额管理任务的实现，在定额管理工作中，应该遵循以下原则。

（1）集中领导和分级管理相结合的原则。工程定额管理的集中领导，主要体现在统一政策、统一规划、统一组织、统一思想。统一政策，就是指工程定额的管理，不论部门和地区，在大的政策上应该统一。例如，对于工程定额的性质、用途和作用、编制原则、管理权限等，应该有统一的规定和政策要求，以保证国家在工程建设方面的方针、政策得到贯彻，适应国民经济发展的总路线、总方针。统一规划，就是指随着经济发展的要求，对工程定额管理进行统一规划、统一部署。制定出和国民经济发展计划相适应的工程定额的发展规划。例如，制定工程定额编制工作的五年计划，就新编、修订或补充编制投资估算指标、概算定额、预算定额等，在组织分工、工作进度和经费保证等方面做出计划和安排。统一组织，有两重含义，一是就统一规划和安排部署的管理工作，统一分工，组织落实；二是统一组织机构，作为各项管理工作的组织保证。所谓统一思想，就是随着经济形势的发展和需要，定额管理思想要相应改变，积极探讨工程定额基本理论和基本方法，注意借鉴和吸收现代管理科学中有价值的成果，以形成满足经济发展需要的工程定额管理的新观念和理论体系。

分级管理是指按工程定额管理的权限划分，按照定额的执行范围，分部门、分地区、分级、分层的管理。分级管理是由工程定额本身的多种类、多层次决定的，也是由各部门、各地区和企业的具体情况不同所决定的。多种类、多层次的定额要求国务院各个主管部门和各省、自治区、直辖市，按其职能分工进行定额管理。由于各部门专业特点不同，各地区的经济技术条件不同、自然气候和物质资源条件不同，也需要在分级管理中考虑和体现各自的特点。

集中领导并不意味着管死、统死和不分具体情况的“一刀切”，集中领导和分级管理应相辅相成。

（2）标准化原则。标准化是指为制定和贯彻产品和工程标准而进行的有组织的活动过程。工程定额，是建设中物质消耗、时间消耗和资金消耗的尺度，它本身就是一种技术经济标准。因此，在编制定额过程中和定额管理过程中贯彻标准化原则尤为重要。

标准化的内容，主要包括统一化、系列化、通用化、单件化、组合化和简化。只有推行统一化，统一概念、统一名词术语、统一符号和代号、统一编码、统一计量单位等，才能为科学管理奠定基础。在编制工程定额时，利用系列化原理为同类产品制定基本参数系列非常必要。例如，根据定额的不同用途规定出砖墙厚度的参数系列，作为编制砖墙砌筑工程施工定额和预算定额的依据，将会大大提高定额的简明适用程度。通用化要求在互相独立的系统中，选择和确定具有功能互换性和尺寸互换性的功能单元，以减少重复劳动和增加适应性。单件化是工程建设固有的技术经济特点，要使各种定额都能适应每项工程的具体情况，就需要在编制定额时取其共性，编制出能够通用的定额项目，使它能在不同的工程上互换。组合化是要求对设计和制造出的一系列通用性较强的单元，根据需要，组合成不同用途的产品。在工程建设中广泛采用功能单元的组合化原理和方法，在建筑工程中也广泛采用组合式建筑结构。在定额编制中运用组合化原理，把定额项目视作功能单元。不同的定额就是根据需要确定或划分的大大小小的功能单元的集合。按照特定的要求把其中某些功能单元组合起来，就能适应每一项具体工程项目管理的要求。简化要求在一定范围内缩减对象（事物）类型的数目，使之在既定时间内足以满足一般需要。在编制工程定额中，运用简化原理压缩超过必要范围以外的定额项目始终是必要的。尤其在新旧管理体制转轨时期更是如此。

（3）经济和技术统一的原则。工程定额反映了工程建设中的生产耗费，是生产消费性定额，从这个角度来说，它无疑是经济定额。但它又和许多技术条件、技术因素有密切的关系，直接受技术条件、技术因素的约束和影响。例如，专业技术的重大差别，直接决定工程定额可能拥有定额的种类，影响定额项目的划分；而生产者技术熟练程度、原材料和设备及工具的状况、施工方法等，不仅会影响定额项目的划分和定额项目的多少，而且会极大地影响定额的水平。在定额管理中应该密切注意研究技术条件和技术因素的状态、影响程度、影响范围、变化及发展趋势，同时还应在定额管理中注意贯彻国家有关的技术政策，并且鼓励和推动技术的发展。

（4）适应性原则。首先，定额要适应市场经济发展的需要，不断完善定额体系、内容和管理体制。其次，定额要适应全社会的需要，不仅面对政府投资的建设项目，也要适应全社会其他投资主体对工程定额的需要，不断为他们提供及时而准确的信息服务。再次，工程定额是统一定额，如全国统一定额、地区统一定额、行业统一定额和企业定额等，必须能适应规定范围内的各种情况。最后，定额的适应性还应包含一定的时间跨度。定额的制定需要一定的时间，不可能朝定夕改，完成后都会有一个相对稳定期，也就是使用期，定额必须在整个使用期内适用。

1.3.2　工程定额管理的内容

定额管理是经济管理中的基础性管理工作。管理内容主要是科学制定和及时修订各种定额；组织和检查定额的执行情况；分析定额完成情况和存在问题，及时反馈信息。

工程定额种类繁多，管理内容受专业特点影响很大。各类工程定额管理的内容虽有各自特点，但从共性看，工程定额管理内容包括三个方面：定额的编制与修订、定额的贯彻执行和信息反馈。从管理的全过程看，三者的关系如图 1-4 所示。

图 1-4　定额管理内容之间的关系

从市场的信息流程来看，定额管理的内容主要是信息的采集、加工和传递、反馈的过程，如图 1-5 所示。

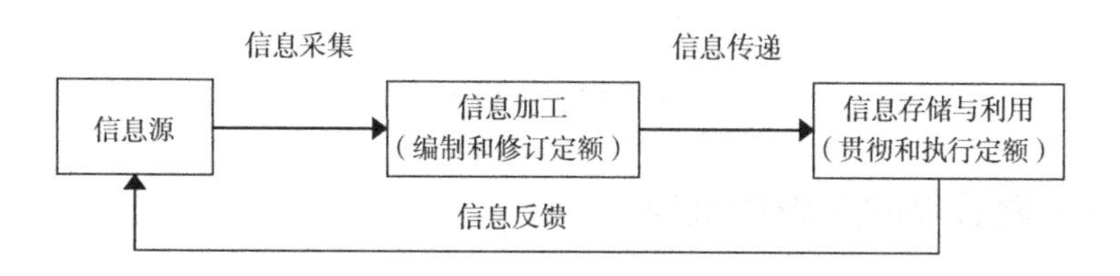

图 1-5　定额管理信息流程

定额管理具体包括以下主要工作内容和程序：

（1）制定定额的编制计划和编制方案。

（2）积累、收集和分析、整理基础资料。

（3）编制和修订定额。

（4）审批和发行定额。

（5）征询新编定额意见和建议。

（6）整理和分析意见、建议，诊断新编定额中存在的问题。

（7）对新编定额进行必要的调整和修改。

（8）组织新定额交底和一定范围内的宣传、解释和答疑。

（9）从各方面为新定额的贯彻执行创造条件，积极推行新定额。

（10）收集、储存定额执行情况，反馈信息。

上述管理内容之间，既相互联系，又相互制约。同时，它们的顺序也大体反映管理工作的流程，如图1-6所示。

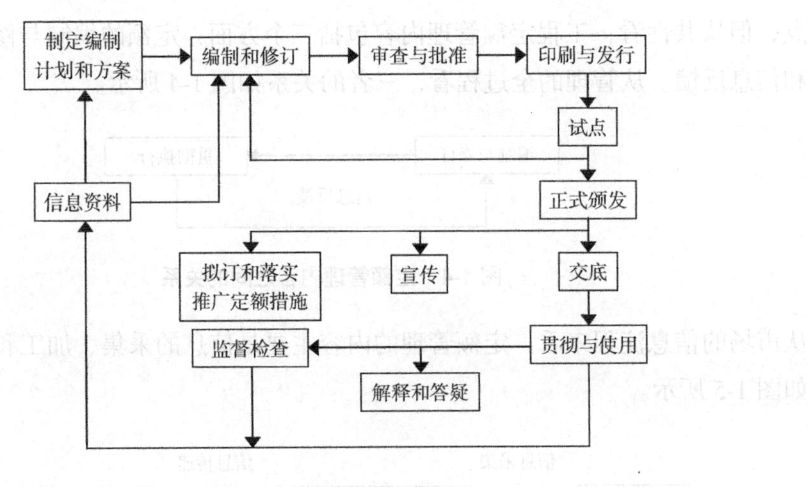

图1-6　定额管理工作流程

1.3.3　工程定额管理的组织和机构

1. 工程定额的管理体制

工程定额管理体制是工程建设管理体制的组成部分。它主要是指国家、地方、部门、企业之间管理权限和职责范围的划分。建立定额管理体制，就在于保证工程定额管理，组织各种力量，调动各方面的积极性，以便保证定额管理任务的顺利完成。

工程定额的多种类、多层次，决定了管理体制的多部门、多层次。我国现行工程定额管理体系如图 1-7 所示。

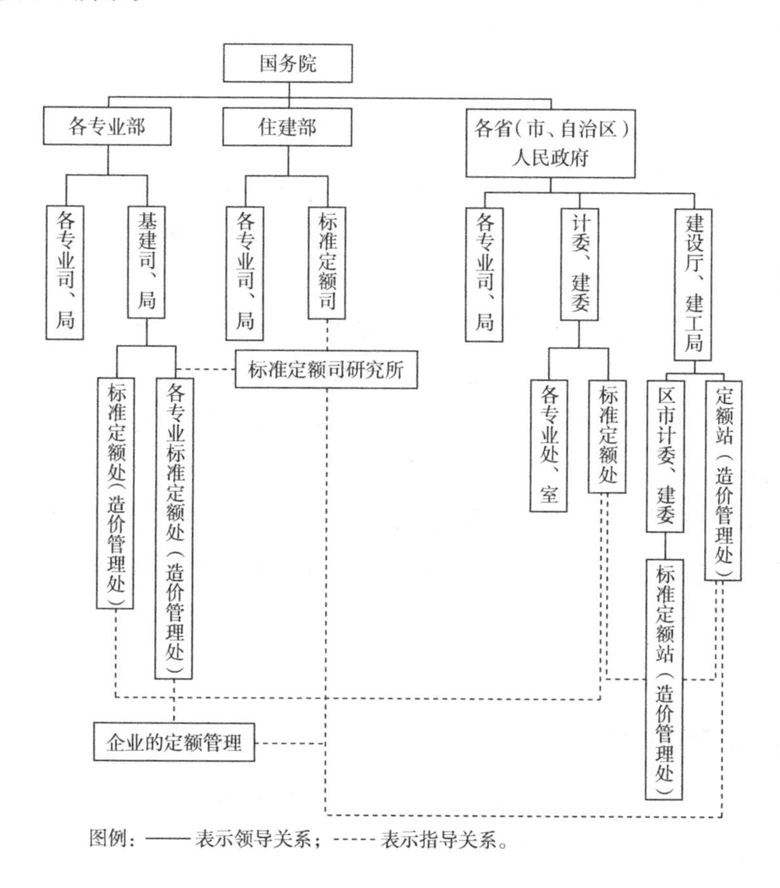

图 1-7　工程定额管理体系

从图 1-7 可以看出，我国工程定额管理基本上属于政府职能。这是因为定额是国家管理和控制工程造价的有效手段；在进一步深化经济体制改革的形势下，定额仍然是国家对工程建设进行预测、决策、宏观调控的手段。当然，工程定额管理不仅是政府职能以内的事。如果从定额的贯彻执行来说，大量的管理工作落实在工程项目，落实在设计机构、建设单位和施工企业。即使编制定额，也离不开这些企业和单位在提供资料、信息方面的配合。所以，在工程定额管理体系中，单位、企业是基础。同时，图 1-7 也大体上描绘出集中领（指）导分级管理和多部门、多层次管理的基本模式。

从管理权限的划分来看，住建部标准定额司是归口领导机构，它主要负责制定和颁发有关工程定额的政策、制度、发展规划；组织编制和颁发投资估算指标和建设项目工期定额；按照发展规划委托研究机构或其他定额管理机构编制各类工程定额，并组织审批颁发；对省、市、自治区和专业主管部的定额管理机构实行业务指导；规划和组织专业人才的培训、制定造价工程师执业资格制度等项工作。

住建部标准定额研究所是部属专业研究机构。它主要负责工程定额基础理论和现代化管理方法、手段的研究和推广运用；提出有关的政策性建议；根据委托组织制定各类国家级定额和指标；建立和管理全国定额信息中心；利用各种科学手段和方法调查、研究定额执行情况等工作。司和所的工作，既有明确的分工，也有密切协作。

省、自治区、直辖市和国务院行业主管部的定额管理机构，是在其管辖范围内各自行使自己的定额管理职能。它在统一政策、统一规划的指导下，主要负责本地区、本部门定额的编制、报批、发行工作；定额的宣传解释工作；为编制全国定额提供基础资料，如统计资料、测定资料和调查资料等；收集定额执行情况，分析研究定额中存在的问题，提出改进和解决措施；组织专业人员培训和考核；指导下属定额机构的业务工作。

省辖市和地区的定额管理机构，接受上级定额机构的指导，在所辖地区的范围内执行定额管理职能。

2．工程定额管理机构

住建部把统筹规划、组织制定和管理全国工程建设标准、技术经济定额、投资估算指标、建设工期定额等作为重要职责，设立有标准定额司和标准定额研究所，配备一批有经验、有专长的专家和业务骨干。

各省、自治区、直辖市和国务院行业主管部均设有管理工程定额的机构，名称相近，工作范围和内容无大差异。近几年随着市场经济发展的客观要求，各个定额站或处改称工程造价管理站或处。

各个工程定额管理机构除管理定额外，还承担材料预算价格、机械台班单价、单位估价表和单位估价汇总表的编制、发行和管理工作。有的定额站也管理标准规范。近年来，定额管理机构的职能正向造价管理方面拓宽，对专业人员素质提出了更高的要求。

3．定额站的职能

定额站一般都是具有行政职能的事业单位。一是执行管理定额和工程造价的行政职能，二是事业单位，是在规定范围内从事定额和工程造价业务活动的咨询、研究。

1986 年国家计委发文，明确规定各行业主管部门和各地区的定额站职责是："制定工程造价管理制度；制定并管理工程建设的估算指标、概预算定额、费用定额，扩大材料消耗定额；收集、储存、分析已完工程造价资料，建立数据库；掌握材料设备价格信息，预测价格上涨系数及发布结算价格指数；监督检查工程预算或招标承包工程的标底及中标标价是否合理。"

1.3.4 工程定额管理的人员素质和知识结构

工程定额管理，是一项政策性、技术性都很强的经济管理工作。它需要一大批懂政策、懂经济、懂专业技术的不同层次的人才，才能满足管理工作发展的需要。

1．定额管理人员的素质要求

定额管理人员应具备什么素质，是由定额管理机构的性质、职责和管理人员所承担的管理工作任务决定的。定额管理人员素质主要包括思想品德素质、文化素质、专业素质和身体素质四个方面。

对于定额管理人员来说，他执行行政职能，也进行各种咨询业务，所接触和需要处理解决的工作，几乎都涉及各方面的经济利益关系，都会影响到工程建设任务能否顺利完成和投资效益的高低。这就要求定额管理人员具备良好的思想品德和一定的政策水平，既能维护国家利益，又能以公正的态度维护有关各方合理的经济利益，绝不以权谋私。

定额管理的技术性和专业性特点，要求管理人员具有相当的文化基础和专业知识、专业工作能力。文化素质是专业素质的必要条件和基础。专业素质则集中表现为专业工作能力。就定额管理人员来说，专业素质是业务水平、理论水平、定额管理知识和技能、专业技术知识、专业工作经验和解决实际问题的能力等知识和能力的综合。

定额管理工作，任务繁重、时间性强，需要管理人员具有健强的体魄和乐观精神。

2．定额管理人员的知识结构

按照行为科学的观点，不同层次的管理人员都需具备三种技能，即技术技能、人文技能和观念技能。所谓技术技能，是指通过专业技术教育及训练获得的知识、方法、技能及解决问题的实际能力。所谓人文技能，是指与人共事的能力及判断力。所谓观念技能，是指对组织地位和作用、组织间的相互关系、组织影响因素等进行充分评估的能力。

定额管理人员在专业培训中应获得以下知识和技能：经济理论、投资理论与投资管理、建筑经济与企业管理、财政税收与金融（含国际金融）、市场与价格、招投标与合同、工程造价管理与概预算编制方法、工程定额管理理论与方法、工作方法与工作研究、房地产经济、综合工业技术和建筑技术、计算机应用和信息管理、施工技术与管理、相关的文化知识和技术知识、法律、政策、制度和规范、现行各类定额等方面知识与技能。

根据教育培训目标和人员岗位不同，定额管理人员也可有不同组合。

1.3.5 工程定额管理的发展过程

我国工程定额管理从新中国成立以后的发展过程来看，大体上可以分为五个阶段。

1. 工程定额管理建立时期

1950—1957年为第一阶段，工程定额管理建立时期。新中国成立后，百废待兴，面临着大规模的恢复重建工作。特别是第一个五年计划开始，国家进入大规模经济建设时期，基本建设规模日益扩大。为合理、节约地使用有限的建设资金和人力、物力，充分提高投资效果，吸收了苏联的建设经验和管理方法，建立了概预算制度，同时也为新组建的国营建筑施工企业建立了企业管理制度。

国务院和国家建设委员会先后颁发了《基本建设工程设计和预算文件审核批准暂行办法》、《工业与民用建设设计及预算编制暂行办法》、《工业与民用建设预算编制暂行细则》和《关于编制工业与民用建设预算的若干规定》等重要文件。这些文件的颁布，建立了概预算制度，确立了概预算的地位、作用，规定了预算文件的组成、内容、计算方法和编审批程序，确定了对概预算编制依据实行集中管理为主的分级管理原则。为加强概预算的管理工作，先后成立了标准定额司（处），1956年又单独成立了建筑经济局。同时，各地分支定额管理机构也相继成立。还通过举办短期培训，聘请前苏联专家讲课，培养了一批最早从事定额管理工作的专业人才。

在“一五”期间，国家制定的各种定额、标准有十几种，供编制概预算用。

这个阶段建立了定额管理，奠定了定额和工程造价管理的基础。但当时在管理体制上过分集中，难以照顾各个地区的不同情况。

2．工程定额管理弱化时期

1958—1966 年年初的弱化时期，是工程定额管理发展的第二个阶段。1958 年开始，受“左”的错误指导思想的影响，在下放基本建设管理的同时，也削弱、放松，以至放弃了管理。刚刚建立起来的概预算制度和定额管理制度也不能幸免。在“破字当头”的口号下，被不加分析地一概斥之为是从苏联照搬照套过来的教条主义产物，是束缚群众手脚的条条框框。这就使它成了“破”的对象。1958 年 6 月，概预算和定额管理权限全部下放，形成了国家综合部门撒手不管的状态。下放后的定额又由于受“不算经济账，要算政治账”的影响，概预算逐渐失去对投资的控制和约束作用，定额管理首当其冲。各级概预算管理机构和定额管理机构是机构精简的对象，专业管理人员是下放和转业的对象。因此，管理机构和专业队伍也被削弱了。从此，投资不算经济账，吃国家大锅饭之风逐渐滋长。尽管在这个时期中，也有过短时间的重整定额管理的迹象，但并未根本改变这种弱化的轨迹。

3．工程定额管理遭破坏时期

1966—1976 年的十年动乱时期，是工程定额发展的第三个阶段，是遭受严重破坏时期。在管理方面，“左”的思潮进一步膨胀，概预算和定额管理机构被“砸烂”，为数不多的专业骨干改行，大量基础资料销毁。定额被说成是管、卡、压的工具。造成设计无概算，施工无预算，竣工无决算，投资大敞口，吃大锅饭的局面。1967 年，有关主管部门同意在建工部直属施工企业中实行经常费制度。在这种制度下，国家按施工企业人头给钱；工程中发生的一些费用（如临时设施费、机械设备折旧费等），由建设单位按施工企业编制的用款计划拨款；材料费拨款按基建管理体制和材料供应方式确定，完工后不再办理结算，从而从制度上否定了施工企业的性质，把企业变成享受供给制和实报实销的行政事业单位。这种制度推行了六年之久。推行这个制度的实质是施工企业花多少向建设单位报多少，建设单位花多少就向国家要多少。施工企业内部则是劳动无定额、生产无成本、工效无考核。建设单位、施工企业和工人都是吃大锅饭，取消了概预算管理和定额管理，结果造成基本建设人力、物力、资金的严重浪费，投资效益下降，劳动生产率下降。

国家建委于 1973 年制定了《关于基本建设概算管理办法》，重新规定了概算的作用、编制和审批程序、管理权限。但这一文件由于某些干扰而未能颁发执行。

4．工程定额管理恢复和发展时期

1976年至20世纪90年代初，是工程定额管理的恢复和发展时期。1976年10月十年动乱结束之后，国家立即着手把全部经济工作转移到以提高经济效益为中心的轨道上来，为整顿、健全和发展概预算制度和定额管理创造了空前良好的条件。

1977年起，国家恢复重建管理机构，1983年8月成立基本建设标准定额局，组织制定工程建设概预算定额、费用标准及工作制度。概预算统一归口，1988年划归建设部（住建部），成立标准定额司，各省市、各部委建立了定额管理站，全国颁布一系列推动概预算管理和定额管理发展的文件，并颁布了几十项预算定额、概算定额、估算指标。

5．工程定额管理发展和深化改革时期

从20世纪90年代初至今，是工程定额管理发展和深化改革时期。随着我国经济发展水平的提高和经济结构的日益复杂，计划经济的内在弊端逐步暴露，传统的与计划经济相适应的概预算管理，是对工程造价的行政指令性的直接管理，遏制了竞争，不能适应不断变化的社会经济条件而发挥优化资源配置的基础作用，工程定额管理必须进行改革，否则就没有出路。

1993年，住建部和中国建设银行发布了《关于调整建筑安装工程费用项目组成的若干规定》（建标［1993］894号文）。1995年年底，建设部按照量价分离的原则发布了《全国统一建筑工程基础定额》（土建工程），同时发布了《全国统一建筑工程预算工程量计算规则》。之后各主管部和各省、市相继编制了投资估算指标、概预算定额，以及费用定额。

为了加强建设工程施工承发包工程价格的管理，建设部1999年1号文《建设工程施工发包与承包价格管理暂行规定》，主要针对影响承发包价格的几个关键环节中的突出问题，从计价依据、承发包价格的构成、定价方式以及标底、合同价、工程价款的变更、结算等全过程做了明确的规定，同时明确了各级工程造价管理机构对工程施工发包与承包价格的监管职能，是加强和规范建筑市场管理的重要举措。

工程造价管理的最终目标是要在保证工程质量的前提下，用最少的投入，取得最大的投资效益。工程造价管理从前期项目建议书投资决策向竣工结算全过程管理转化；通过工程造价管理部门制定规则，实行市场准入控制及监督。

工程造价管理体制改革的目标是通过市场竞争形成工程价格。2000年，原建设部（现为住房城乡建设部）提出了工程造价管理体制改革新思路：鉴于目前建设市场公平竞争的环境尚未形成，加上各种不正之风特别是腐败现象的存在，工程造价管理的改革暂不具备完全放开、完全由市场形成价格的条件，只能是调放结合、循序渐进。一是区别政府投资和非政府投资工程，采取不同的管理方式。对于政府投资工程，以建设行政主管部门发布的指导性的消耗量标准为依据，按市场价格编制标底，并以此为基础，实行在合理幅度内确定中标价的定价方式。非政府投资的工程，承发包双方在遵守国家有关法律、法规规定的基础上，采取由双方在合同中确定承包价的方式。二是积极推进适合社会主义市场经济体制、建立适应国际市场竞争的工程计价依据，制定统一项目划分、计量单位、工程量计算规则；在制度上明确推行工程量清单报价，并尽快制定适应工程量清单报价的有关计价办法；鼓励施工企业在国家定额指导下制定本企业报价定额，以适应投标报价的需要，增强自身的市场竞争能力。三是建立工程造价管理信息网络，使工程造价计价依据的管理和实施监督逐步走向现代化、科学化的轨道。

原建设部组织审定并完成了《全国统一市政工程定额》、《全国统一建筑安装工程预算定额》以及相应的工程量计算规则的报批工作；为满足编制招标文件确定标底工期，签订合同工期和总、分包工程的需要，2000年修订并发布了《全国统一建筑安装工程工期定额》。

根据工程计价改革工作的需要，按照国家有关法律、法规，并参照国际惯例，在总结建设部、中国建设银行《关于调整建筑安装工程费用项目组成的若干规定》（建标［1993］894号）执行情况的基础上，原建设部2003年印发了《建筑安装工程费用项目组成》文件（建标［2003］206号）。2003年7月1日开始实施国家标准《建设工程工程量清单计价规范》（以下简称《计价规范》）。2008年对《计价规范》进行了修订，并于12月1日实施。2013年住建部、财政部印发了《建筑安装工程费用项目组成》文件（建标［2013］ 44号）。2013年4月1日开始施行GB 50500—2013版《建设工程工程量清单计价规范》（以下简称新版《计价规范》）。新版《计价规范》的发布实施，有利于建立由市场形成工程造价的机制，有利于促进政府转变职能，业主控制投资，施工企业加强管理，有利于在公开、公正、公平的竞争环境中合理确定工程造价，提高投资效益。与工程量清单计价工作密切相关的工程消耗量社会平均水平和材料设备价格信息的发布工作还十分薄弱。为了解决从预算定额计价到工程量清单计价的过渡问题，维护建筑市场的稳定，各地区、各部门工程造价管理机构在实施新版《计价规范》的同时，按照住房城乡建设部有关计价依据编制的统一性规定，结合本地区、本行业的实际，一是制定了与新版《计价规范》相适应并反映社会平均水平的消耗量标准，供建筑市场各方主体参考。二是正在进一步完善工程造价信息网建设，以做好对市场供求、设备材料价格、社会平均成本等的采集和测算，并分析其发展趋势，通过适时发布人工、材料、机械台班生产要素价格信息和工程造价指数等，引导并规范建筑市场各方主体的计价行为，增强价格信息服务的社会效果。三是对施工企业建立反映本企业水平的造价指标和价格信息数据库工作的指导，引导企业做好本企业的资料积累和编制报价定额工作，鼓励企业依据自身的技术和管理情况编制本企业投标报价，增强企业自主报价的能力。

住房城乡建设部于2013年12月11日发布了《建筑工程施工发包与承包计价管理办法》(住建部令第16号)，并于2014年2月1日施行。原建设部于2001年11月5日发布的《建筑工程施工发包与承包计价管理办法》（建设部令第107号）同时废止。

所有这些，预示着工程定额管理进入了一个全新的发展时期。

复习思考题

1．简述工程定额的概念及分类。

2．简述工程定额的作用。

3．简述工程定额管理的任务与原则、内容。

4．简述工程定额的管理机构。

5．简述工程定额管理人员的基本素质和知识结构。

6．试分析市场经济条件下企业编制企业定额的作用与意义。

7．定额水平是一定时期生产力水平的反映，它与哪些因素有关？

8．定额是指在合理的劳动组织与合理地使用材料和机械的条件下，完成（　　）所消耗资源的数量标准。

A．单位合格产品　　B．单位产品

C．一定数量的产品　　D．扩大计量单位产品

9．按照工程定额的编制用途分类，工程定额可以分为（　　）、预算定额、概算定额、

概算指标等。

A．工序定额　　B．施工定额

C．劳动定额　　D．材料消耗定额

10．按照行为科学的观点，不同层次的定额管理人员都需具备三种技能，即技术技能、人文技能和（　　）。

A．劳动技能　　B．沟通技能

C．观念技能　　D．管理技能

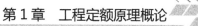

第2章　施工过程和工作时间研究

学习目标

☑ 一般训练对施工过程概念的理解领会能力

☑ 重点训练对施工过程分类的理解把握能力

☑ 重点训练对施工中工作时间分类的认知与领会能力

2.1　施工过程及其分类

2.1.1　施工过程的概念

施工过程就是在建设工地范围内所进行的生产过程。施工过程的最终目的是要建造、恢复、改建、移动或拆除工业、民用建筑物和构筑物的全部或一部分。施工过程是由不同工种、不同技术等级的建筑工人完成的，并必须有一定的劳动对象和劳动工具。

2.1.2　施工过程的分类

1. 根据施工过程组织上的复杂程度分类

根据施工过程组织上的复杂程度，施工过程可以分为工序、工作过程和综合工作过程。

（1）工序是在组织上不可分割的，在操作过程中技术上属于同类的施工过程。工序的特征是：工作者不变，劳动对象、劳动工具和工作地点也不变。在工作中如有一项改变，那就说明已经由一项工序转入另一项工序了。如钢筋制作，它由平直钢筋、钢筋除锈、切断钢筋、弯曲钢筋等工序组成。

从施工的技术操作和组成的观点看，工序是工艺方面最简单的施工过程。但是从劳动过程的观点来看，工序又可以分解为操作和动作。动作是施工工序中最小的可以测算的部分。施工操作是一个施工动作接一个施工动作的综合。每个动作和操作都是完成施工工序的一部分。

例如，手工弯曲钢筋这一工序，可分解为以下“操作”：将钢筋放到工作台上；对准位置；用扳手弯曲钢筋；扳手回原；将弯好的钢筋取出。

其中，“将钢筋放到工作台上”这个“操作”，可分解成以下“动作”：走到钢筋堆放处；弯腰拿起钢筋；拿着钢筋走向工作台；把钢筋放到工作台上。

工序可以由一个人来完成，也可由班组或施工队几名工人共同完成；可以手动完成，也可以机械操作完成。在用计时观察法来制定劳动定额时，工序是主要的研究对象。

将一个施工过程分解成工序、操作和动作的目的是分析、研究这些组成部分的必要性和合理性。测定每个组成部分的工时消耗，分析它们之间的关系及其衔接时间，最后测定施工过程或工序的定额。

（2）工作过程是由同一个人或同一小组所完成的在技术操作上相互有机联系的工序的综合体。工作过程的特点是人员编制不变，工作地点不变，而材料和工具则可以变换。例如，砌墙和勾缝，抹灰和粉刷。

（3）综合工作过程是同时进行的，在组织上有机地联系在一起的，并且最终能获得一种产品的施工过程的总和。例如，浇注混凝土的施工过程，是由调制、运送、浇注和振捣等工作过程组成的。

2．根据施工过程工艺特点分类

根据施工过程工艺特点，施工过程可以分为循环施工过程和非循环施工过程两类。

各个组成部分按一定顺序依次循环进行，并且每经一次重复都可以生产出同一种产品的施工过程，称为循环施工过程。反之，若施工过程的工序或其组成部分不是以同样的次序重复，或者生产出来的产品各不相同，这种施工过程则称为非循环的施工过程。

3．根据使用的工具设备的机械化程度分类

根据使用的工具设备的机械化程度，施工过程又可以分为手动施工过程和机械施工过程两类。

用手动工具或其主导组成部分使用手动工具进行的施工过程，称为手动施工过程，如用手工砌砖、手工挖土等。凡用机械工具或其主导组成部分使用机械工具进行的施工过程，称为机械化施工过程，如用挖土机挖土、起重机安装构件等。在一般情况下，机械化施工过程大多都是循环施工过程，手动施工过程大多是非循环施工过程。

4．根据施工过程的性质不同分类

根据施工过程的性质不同，施工过程可以分为建筑过程、安装过程和建筑安装过程。

建筑过程和安装过程往往交错进行，难以区别。在这种情况下进行的施工过程就称为建筑安装过程。

2.2 工作时间研究

2.2.1 工作时间研究的目的和意义

工作时间研究，就是将劳动者在整个生产过程中所消耗的工作时间，根据性质、范围和具体情况，予以科学地划分、归纳，明确哪些属于定额时间，哪些属于非定额时间，找出造成非定额时间的原因，以便采取技术和组织措施，消除产生非定额时间的因素，以充分利用工作时间，提高劳动效率。

所谓工作时间，就是工作班的延续时间。研究工作时间的目的在于确定时间定额和产量定额，其前提是对工作时间按其消耗性质进行分类，以便研究确定各类工时消耗数量。

2.2.2　施工中工作时间分类

1. 人工工作时间分类

工人在工作班内消耗的工作时间，按其消耗的性质，基本可以分为两大类，即定额时间和非定额时间，如图 2-1 所示。

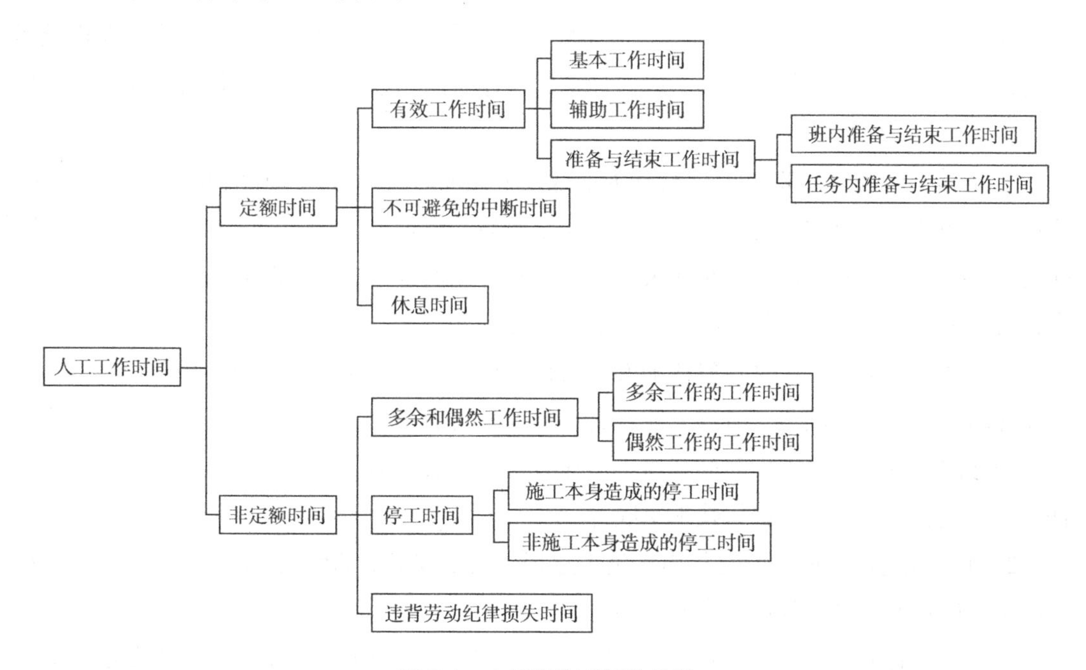

图 2-1　人工工作时间的分类

必须消耗的时间是工人在正常施工条件下，为完成一定产品（工作任务）所消耗的时间。它是制定定额的主要根据。

损失时间，是和产品生产无关，而和施工组织和技术上的缺点有关，与工人在施工过程中个人过失或某些偶然因素有关的时间消耗。

（1）定额时间。定额时间包括有效工作时间、不可避免的中断时间和休息时间。

1）有效工作时间是从生产效果来看与产品生产直接有关的时间消耗。其中包括基本工作时间、辅助工作时间、准备与结束工作时间的消耗。

① 基本工作时间是工人为了完成能生产一定产品的施工工艺过程所消耗的时间。通过这些工艺过程可以使材料改变外形，如钢筋煨弯等；可以改变材料的结构与性质，如混凝

土制品的养护干燥，预制构配件安装组合成型等；也可以改变产品外部及表面的性质，如粉刷、油漆等。基本工作时间所包括的内容依工作性质各不相同。基本工作时间的长短和工作量大小成正比例。

② 辅助工作时间是为保证基本工作能顺利完成所消耗的时间。在辅助工作时间里，不能使产品的形状大小、性质或位置发生变化。辅助工作时间的结束，往往就是基本工作时间的开始。辅助工作一般是手工操作，但如果在机手并动的情况下，辅助工作是在机械运转过程中进行的，为避免重复则不应再计辅助工作时间的消耗。辅助工作时间长短与工作量大小有关。

③ 准备与结束工作时间是执行任务前或任务完成后所消耗的工作时间，如工作地点、劳动工具和劳动对象的准备工作时间，工作结束后的整理工作时间等。准备和结束工作时间的长短与所担负的工作量大小无关，但往往和工作内容有关。该时间消耗可以分为班内准备与结束工作时间和任务内准备与结束工作时间。

班内准备与结束工作时间包括工人每天领取料具、工作地点布置、检查安全技术措施、机器开动前的观察和试车、清理工地、交接班等时间消耗。

任务内准备与结束工作时间与每个工作日交替无关，但与具体任务有关。例如，接受任务书、熟悉施工图纸、进行技术交底等。

2）不可避免的中断时间是指由于施工过程中技术或组织的原因，以及独有的特性而引起的不可避免的或难以避免的中断时间。

3）休息时间是工人在工作过程中为恢复体力所必需的短暂休息和生理需要的时间消耗。这种时间是为了保证工人精力充沛地进行工作，所以在定额时间中必须进行计算。休息时间的长短和劳动条件有关，劳动越繁重紧张，劳动条件越差（如高温），则休息时间越长。

（2）非定额时间。非定额时间包括多余和偶然工作时间、停工时间和违背劳动纪律损失时间。

1）多余和偶然工作时间，是指在正常施工条件下不应发生的时间消耗，或由于意外情况所引起的工作所消耗的时间。多余工作的工时损失，一般都是由于工程技术人员和工人的差错而引起的修补废品和多余加工造成的，如返工质量不合格产品，对已磨光的水磨石进行多余的磨光等。偶然工作也是在任务外进行的工作，但能够获得一定产品。如安装工安装管道时需要临时在墙上开洞，抹灰工不得不补上遗留的墙洞等。

多余工作的工时损失，一般都是由于工程技术人员和工人的差错而引起的，因此，不应计入定额时间中。

2）停工时间是工作班内停止工作造成的工时损失。停工时间按其性质可分为施工本身造成的停工时间和非施工本身造成的停工时间两种。施工本身造成的停工时间，是由于施工组织不善、材料供应不及时、工作面准备工作做得不好、工作地点组织不良等情况引起的停工时间。非施工本身造成的停工时间，如由于水源、电源中断等情况引起的停工时间。

3）违背劳动纪律损失时间，是指工人在工作班开始和午休后的迟到、午饭前和工作班结束前的早退、擅自离开工作岗位、工作时间内聊天或办私事等造成的工时损失。由于个别工人违背劳动纪律而影响其他工人无法工作的时间损失，也包括在内。此项工时损失不允许存在。因此，在定额中是不能考虑的。

2. 机械工作时间分类

机械工作时间的消耗分为定额时间和非定额时间两大类，如图2-2所示。

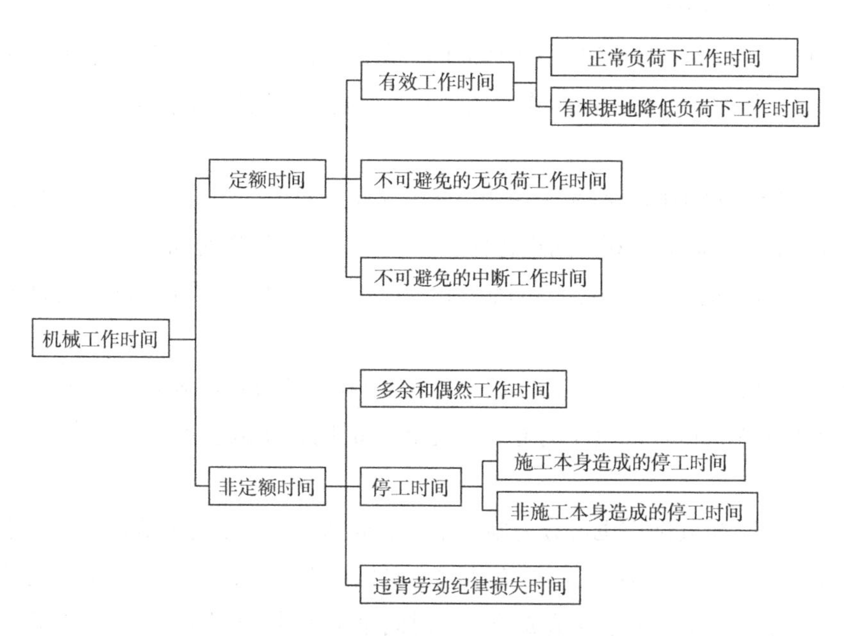

图2-2　机械工作时间的分类

（1）定额时间。定额时间包括有效工作时间、不可避免的无负荷工作时间和不可避免的中断工作时间。

1）有效工作时间消耗中包括正常负荷下和有根据地降低负荷下的工时消耗。正常负荷下的工作时间，是机械在与机械说明书规定的计算负荷相符的情况下进行工作的时间。有根据地降低负荷下的工作时间，是在个别情况下由于技术上的原因，机械在低于其规定负荷下工作的时间。例如，汽车运输重量轻而体积大的货物时，不能充分利用汽车的载重吨位因而不得不降低其计算负荷。

2）不可避免的无负荷工作时间，是由施工过程的特点和机械结构的特点造成的机械无负荷工作时间。例如，筑路机在工作区末端调头等，都属于此项工作时间的消耗。

3）不可避免的中断工作时间，是与工艺过程的特点、机器的使用和保养、工人休息有关的中断时间。它又可以分为三种。

① 与工艺过程的特点有关的不可避免中断工作时间，有循环的和定期的两种。循环的不可避免中断，是在机器工作的每一个循环中重复一次，如汽车装货和卸货时的停车。定期的不可避免中断，是经过一定时期重复一次。例如，把灰浆泵由一个工作地点转移到另一工作地点时的工作中断。

② 与机械有关的不可避免中断工作时间，是由于工人进行准备与结束工作或辅助工作时，机器停止工作而引起的中断工作时间。它是与机器的使用和保养有关的不可避免中断时间。

③ 工人休息时间前面已经做了说明。这里要注意的是，应尽量利用与工艺过程有关的和与机器有关的不可避免中断时间进行休息，以充分利用工作时间。

（2）非定额时间。非定额时间包括多余和偶然工作时间、停工时间和违背劳动纪律损失时间。

1）多余和偶然工作时间，是机械进行任务内和工艺过程内未包括的工作而延续的时间，如混凝土搅拌机搅拌混凝土时超过规定搅拌时间；工人没有及时供料而使机械空转的时间。

2）停工时间，按其性质也可分为施工本身造成和非施工本身造成的停工。施工本身造成的停工时间是由于施工组织的不好而引起的机械停工时间，如未及时供给机械水、电、燃料而引起的停工。非施工本身造成的停工时间是由于外部的影响引起的机械停工时间，如气候条件的影响，非施工原因水源、电源中断而引起的机械停工时间。

3）违背劳动纪律损失时间，是指由于工人迟到早退或擅离岗位等原因引起的机械停工时间。

复习思考题

1．什么是施工过程？

2．施工过程可分为哪几类？

3．施工中人工工作时间可分为哪几类？

4．施工中机械工作时间可分为哪几类？

5．在测定搅拌机工作时间时，由于工人上班进行准备工作，导致搅拌机晚工作20分钟，对该时间表述正确的是（　　）。

A．该时间属于停工时间，不应计入定额

B．该时间属于不可避免的无负荷工作时间，应计入定额

C．该时间属于不可避免的无负荷工作时间，不应计入定额

D．该时间属于不可避免的中断时间，应计入定额

6．在机械工作时间分析中，（　　）属于可以避免的中断时间。

A．维护保养机械时间

B．质量不符合要求，返工造成的多余时间消耗

C．木工刨锯机不能及时供料的空转时间

D．违反劳动纪律时间

7．以下工作时间不属于工人有效工作时间的是（　　）。

A．多余或偶然工作时间　　B．基本工作时间

C．准备与结束时间　　D．辅助工作时间

第 3 章　工程定额的制定方法

学习目标

☑ 一般训练对工程定额制定依据的认知领会能力
☑ 一般训练对工程定额制定方法的理解把握能力
☑ 重点训练对技术测定法编制工程定额的认知领会能力
☑ 重点训练对科学计算法编制工程定额的认知领会能力
☑ 重点训练比较类推法、统计分析法和经验估计法编制工程定额的认知领会能力

3.1　工程定额制定的主要依据和方法

3.1.1　工程定额制定的主要依据

（1）国家有关经济政策和劳动制度，包括《建筑安装工人技术等级标准》和工资标准、八小时工作制度、劳动保护制度等。

（2）国家现行的各类规范、规程和标准，如《施工及验收规范》、《建筑安装工程安全操作规程》、国家建筑材料标准等。

（3）技术测定和统计资料。

3.1.2 工程定额制定的方法

1．技术测定法

技术测定法是以工时消耗为对象，以观察测时为手段，通过抽样技术进行直接的时间研究的方法。

技术测定法是按照平均先进的技术组织水平和施工条件，组织体力和劳动熟练程度平均水平的工人进行典型施工过程施工，用观察测时的方法测定各工序的工作时间，用工作日写实法测定有效工作时间之外的其他必要时间，然后对测定资料进行分析、整理而计算出定额的方法。这种方法有充分的科学依据，准确程度较高，但大量观测需要动用大规模的人力，工作复杂费时。

2．科学计算法

科学计算法是根据施工图和其他技术资料，运用一定的理论计算公式，直接计算出材料消耗用量的一种方法。但是，科学计算法只能算出单位建筑产品的材料净用量，材料损耗量仍要在现场通过观测获得。科学计算法主要适用于主要材料的消耗量测定。

3．比较类推法

比较类推法是以同类型施工过程的定额水平或实际消耗的资源数量标准为依据，经过分析对比，类推出另一种施工过程定额水平的方法。这种方法，工作量小，定额制定速度快，但用来对比的两个施工过程必须是同类型的或相似的，否则，定额水平是不准确的。

4．统计分析法

统计分析法是将以往施工中所积累的同类型施工过程的工时耗用量加以科学地分析和统计，并考虑当前施工技术与组织上的变化因素，进行分析研究后，制定劳动定额的一种方法。这种方法的特点是简便易行，主观因素较小，但受到原始资料准确性的影响。

5．经验估计法

经验估计法是指参照已有的定额资料，由老工人、技术员、预算员和有关领导几方面通过座谈、讨论、分析、比较的方式，在原有基础上增减工时来测定定额的方法。这种方法，虽然省时、简便、及时、工作量小，但在很大程度上受到参加人员的经验、政策水平、技术水平和立场观点的影响，因此准确程度较差。

在实际工作中，经常同时使用两种以上的测定方法，以便使测得的定额更切合实际。

3.2 技术测定法

3.2.1 技术测定的准备

1．对施工过程进行预研究

对施工过程进行预研究，目的是正确地安排技术测定工作，收集可靠的原始资料。研究内容包括：

（1）熟悉与该施工过程有关的现行技术规范和技术标准等文件和资料。

（2）了解新采用的施工方法的先进程度，了解已经得到推广的先进施工技术和操作工艺，了解施工过程存在的技术组织方面的缺点和由于某些原因造成的混乱现象。

（3）系统地收集完成定额的统计资料和经验资料，以便与技术测定所得的资料进行对比分析。

（4）将施工过程分解为若干个工序以便技术测定，如砌清水砖墙施工过程可以分解为放线、摆砖样、立皮数杆、拉线、铺灰、砌砖、勾缝和检查砌体质量等工序。

（5）确定定时点和产品的计量单位。定时点是前后两个衔接工序的时间分界点。确定定时点对于保证技术测定的准确性至关重要，确定产品的计量单位要能具体地反映产品的数量。

2．确定影响工时消耗的因素

所谓影响工时消耗的具体因素，是指在对施工过程进行观察的过程中，实际发生的对工时消耗发生作用的那些因素。这些具体因素的确定是计时观察中不可缺少的工作。无论采用测时法、写实记录法，还是采用工作日写实法，在测时的同时，都要观察影响工时消耗的各种因素，测时完毕立即在专用表格上或测时记录表格上记录下来，并做出必要的、详尽的说明。这样才可能对测到的时间消耗资料进行全面的分析研究。

在确定因素时，要注意两类情况的记录，一类是构成该施工过程的各个条件；另一类是在观察期间各因素的变化。

影响工时消耗的因素包括：

（1）观察日期、工作班时间。

（2）施工过程名称以及所属公司、工区、工程项目。

（3）气温、雨量、风力。

（4）工人的详细情况（年龄、性别、文化程度、工种、等级、工龄、从事本专业的实际工作时间、工资制度、平均工资、参加劳动竞赛的情况、工作速度、上月劳动生产率等）。

（5）所使用的材料情况（材料类别、质量）。

（6）工具、设备及机械的详细说明。

（7）产品的规格和质量。

（8）工作地点与施工过程的组织与技术说明。

（9）产品数量的计数。

3. 选择施工的正常条件

施工的正常条件是指绝大多数施工企业和施工队、施工班组，在合理的施工组织下所处的施工条件。施工条件一般包括工人的技术等级是否与工作等级相符、工具与设备的种类和质量、工程机械化程度、材料实际需用量、劳动组织形式、工资报酬形式、工作地点的组织、准备工作是否及时、安全技术措施的执行情况、气候条件、劳动竞赛开展情况等。

施工的正常条件应符合相关的技术规范，符合正确的施工组织和劳动组织条件，符合已经推广的先进的施工方法、施工技术和操作工艺。

选择施工的正常条件，应该具体考虑下列问题：

（1）所完成的工作和产品的种类，以及对其质量的技术要求。

（2）所采用的建筑材料、制品和装配式结构配件的类别。

（3）采用的劳动工具和机械的类型。

（4）工作的组成，包括施工过程的各个组成部分。

（5）工人的组成，包括小组成员的专业、技术等级和人数。

（6）施工方法和劳动组织，包括工作地点的组织、工人配备和劳动分工完成主要工序的方法等。

选择施工的正常条件必须从实际出发，实事求是，通过认真的调查研究，确定出合理的方案。只有如此，才能使计时观察得到的数据具有客观性和可靠性。

4．选择观察对象

所谓观察对象，就是对其进行计时观察的施工过程和完成该施工过程的工人。在实际工作中，每一施工过程都受着不同施工条件的影响。因此，并不是现实中任何一个施工过程都可以作为计时观察的对象，而要进行选择。

选择计时观察对象，必须注意所选择的施工过程要完全符合正常施工条件；所选择的建筑安装工人，应具有与技术等级相符的工作技能和熟练程度，所承担的工作与其技术等级相符，同时应该能够完成或超额完成现行的施工劳动定额。不具备施工的正常条件，技术上尚未熟练掌握本专业技能的工人不能作为计时观察对象。专门为试验性施工所创造的具备优越的人工实验条件的施工过程、尚未推广的先进施工组织和技术方法不应选择为计时观察的对象，除非作为对照组研究。

此外，还必须准备好必要的用具和表格，如测时用的秒表或电子计时器，测量产品数量的工、器具，记录和整理测时资料用的各种表格等。如果有条件并且也有必要，还可配备电影摄像和电子记录设备。

3.2.2 技术测定的主要方法

对施工过程进行观察、测时，计算实物和劳务产量，记录施工过程所处的施工条件和确定影响工时消耗的因素，是计时观察法的三项主要内容和要求。三项内容互有联系，缺一不可。

计时观察法的种类很多，其中最主要的有三种，即测时法、写实记录法和工作日写实法。

1. 测时法

测时法主要适用于测定那些定时重复的循环工作的工时消耗，主要适用于机械操作，对于机手并动或手工操作应视情况而定。测时法用于观察研究施工过程中循环工作过程的时间消耗，而不研究工人休息、准备与结束及其他非循环的工作过程。测时法包括选择法测时和接续法测时两种方法。

（1）选择法测时。选择法测时不是连续地测定施工过程的全部循环组成部分，而是有选择地进行测定。采用选择法测时，当被观察的某一循环工作的组成部分开始，观察者立即开动秒表，当该组成部分终止，则立即停止秒表。然后把秒表上指示的延续时间记录到选择法测时记录（循环整理）表上，并把秒针拨回到零点。下一组成部分开始，再开动秒表，如此依次观察下去，并依次记录延续时间。

采用选择法测时，应特别注意掌握定时点，以避免影响测时资料的精确性。在记录时间时仍在进行的工作组成部分，应不予观察。

选择法测时记录（循环整理）表，既可记录观察资料，又可进行观察资料的整理。测时之前，应先把表头部分和各组成部分的名称填好，观察时再依次填入各组成部分的延续时间，观察结束再行整理，求出平均修正值。选择法测时记录（循环整理）表如表 3-1 所示。

（2）接续法测时。接续法测时也称连续法测时，是对施工过程循环的组成部分进行不间断地连续测定，不遗漏任何循环的组成部分。它较选择法测时准确、完善，但观察技术也较之复杂。它的特点是，在工作进行中和非循环组成部分出现之前一直不停止秒表，秒针走动过程中，观察者根据各组成部分之间的定时点，记录它的终止时间。由于这个特点，在观察时，要使用双针秒表，以便使其辅助针停止在某一组成部分的结束时间上。

同一组成部分，观察所得的延续时间，常常有着程度不同的差别，这种差别是施工过程中各种变化着的因素影响的结果。由于接续法测时包含了施工过程的全部循环延续时间，各组成部分之间延续时间的误差在一定程度上可以互相抵消，所得结果则具有较高的准确程度，一般可达到 1 ~ 15s。接续法测时记录（循环整理）表如表 3-2 所示。

表 3-1　选择法测时记录（循环整理）表

观察对象	观察精确度	施工单位名称	工程名称	日期	开始时间	终止时间	延续时间	观察号次	页次
塔式起重机	0.5s	×××	×××	2009.10.17	11:22:30	12:05:59	43′29″		
施工过程名称	塔式起重机吊运 ALC 砂加气蒸养混凝土墙板								

号次	各组成部分名称	定时点	每一次循环的工作时间消耗																				工人人数（名）	时间整理							占每循环时间（%）
			1		2		3		4		5		6		7		8		9		10			时间总和	循环次数（次）	最大	最小	算术平均值	平均修正值	
			分	秒	分	秒	分	秒	分	秒	分	秒	分	秒	分	秒	分	秒	分	秒	分	秒								
1	起吊	绳缆绷紧	1	47	1	28	1	38	1	08	1	36	1	04	1	46								627″	7	107″	64″	89.6″		51.3
2	卸料	绳缆静止	1	04		⑪		54	1	06	1	55	1	47	1	45								511″	6	115″	54″		85.2″	48.7
	合计																												174.8″	100

附注：卸料第 2 次循环延续时间，因超出最小极限，故时间整理中已将此画圈数值抽去。

观察者：

表 3-2 接续法测时记录（循环整理）表

观察对象	观察精确度	施工单位名称	工程名称	日期	开始时间	终止时间	延续时间	观察号次	页次
塔式起重机	0.5s	×××	×××	2009.10.17	11:04:05	11:57:57	53′52″		
施工过程名称	塔式起重机吊运 ALC 砂加气蒸养混凝土墙板								

号次	各组成部分名称	定时点	时间	每一次循环的工作时间消耗																				工人人数（名）	时间整理							占每循环时间（%）
				1		2		3		4		5		6		7		8		9		10			时间总和	循环次数（次）	最大	最小	算术平均值	平均修正值	
				分	秒	分	秒	分	秒	分	秒	分	秒	分	秒	分	秒	分	秒	分	秒	分	秒								
1	准备	绳缆静止	起止时间	0	0	3	42	8	19	15	07	22	12	27	04	31	37	39	44	44	07	48	16								
			延续时间	1	0		33		32	1	02	1	06		41	1	08		46	1	18		54		540″	10	78″	32″	54″		20.2
2	起吊	绳缆绷紧	起止时间	1	0	4	15	8	51	16	09	23	18	27	45	32	45	40	30	45	25	49	10								
			延续时间	1	23	1	32		59	④	㊱	2	40	1	28	1	53	2	07	1	10	2	18		930″	9	160″	59″		103.3″	38.8
3	卸料	绳缆静止	起止时间	2	23	5	47	9	50	20	45	25	58	29	13	34	38	42	37	46	35	51	28								
			延续时间		14	1	49	④	(01)		33		26		50	④	(02)		22		15	1	28		357″	8	109″	14″		44.6″	26.8
4	空回	物料脱钩	起止时间	2	37	7	36	13	51	21	18	26	24	30	03	38	40	42	59	46	50	52 53	56 52								
			延续时间	1	05		43	1	16		54		40	1	34	1	04	1	08	1	26		56		646″	10	94″	40″	64.6″		24.2
	合计																													266.5″	100

附注：自地面吊运至建筑物 6 层，高度 30m。画圈数值超过最大或最小极限，故予以抽出。

观察者：

2．写实记录法

写实记录法是一种研究各种性质的工作时间消耗的方法。采用这种方法，可以获得分析工作时间消耗的全部资料，包括基本工作时间、辅助工作时间、不可避免中断时间、准备与结束时间、休息时间和其他损失时间，并且能保证必需的精确程度，所以在实际工作中是一种值得提倡的方法。

写实记录法的观察对象，可以是一个工人，也可以是一个工人小组。测时用普通表进行。写实记录法按记录时间的方法不同分为数示法、图示法和混合法三种。

（1）数示法写实记录。数示法写实记录，是三种写实记录法中精确度较高的一种，技术上比较复杂，使用较少。数示法写实记录可以同时对两个工人进行观察，但不能超过两人，适用于组成部分较少且比较稳定的施工过程，记录时间的精确度为5～10s，观察到的时间参数记录在数示法写实记录表中，如表3-3至表3-6所示。

数示法写实记录观察的工时消耗时间，记录在专门的数示法写实记录表中，这种表格在接续法测时中也可使用，填写方法也完全一样。其区别只在于接续法测时只对循环过程进行观察，用的时间很短，精确度更高，数示法则用来对整个工作班或半个工作班进行长时间观察，因此能反映工人或机器工作日全部情况。

数示法写实记录表的填写方法如图3-1所示。

时间测定开始时，将开始时间填入该栏第一行，并在（4）组成部分号次栏中以“×”标识，其余各行均填写各组成部分之终止时间。如有的施工组成部分的实际完成产量难以计算时，可不填写（8）、（9）、（15）和（16）栏。

表3-3至表3-6中的延续时间是指采用测定每个施工过程或同时测定几个施工过程所需的总消耗时间。延续时间的确定应立足于既不致消耗过多时间，又能得到比较可靠和完善的结果。同时还必须注意：所测施工过程的广泛性和价值；已经达到的工效水平的稳定程度，同时测定不同类型施工过程的数目，被测定的工人人数，以及测定完成产品的可能次数等。为便于确定延续时间，根据实践经验拟定表3-7，供测定时参考使用。

表 3-3　数示法写实记录表（1）　　　　观察者：

工地名称		×××项目			开始时间	8:53:03			延续时间	1:12:24			调查号次			
施工单位名称		×××施工单位			终止时间	10:05:27			记录日期	2009.10.17			页次		1	
施工过程：砌筑页岩空心砌块填充墙						观察对象：刘××				观察对象：						
号次	施工过程组成部分名称	时间消耗量	组成部分号次	起止时间		延续时间	完成产品		附注	组成部分号次	起止时间		延续时间	完成产品		附注
				时-分	秒		计量单位	数量			时-分	秒		计量单位	数量	
(1)	(2)	(3)	(4)	(5)	(6)	(7)	(8)	(9)	(10)	(11)	(12)	(13)	(14)	(15)	(16)	(17)
1	准备	13′55″/	×	8-53	03											
2	摆砖样	6′05″/	1	9-06	58	13′55″			填补施工场地上的空洞，移动脚手架、脚手板，清扫工作面							
3	挂线	11′14″/	6	11	04	4′06″			向其他工人分派任务							
4	休息	0′40″/	2	17	09	6′05″										
5	砌筑	36′24″/	3	25	34	8′25″										
6	劳动组织造成中断	4′06″/	4	26	14	0′40″			喝水							
			3	29	03	2′49″										
			5	10-05	27	36′24″	m^3	0.355	高 0.71 长 2.63 宽 0.19(m)							
		72′24″				72′24″										

表 3-4 数示法写实记录表（2）

观察者：

工地名称	×××项目	开始时间	8:53:10	延续时间	1:01:01	调查号次	
施工单位名称	×××施工单位	终止时间	9:54:11	记录日期	2009.10.17	页次	1

施工过程：砌筑页岩空心砌块填充墙						观察对象：林××				观察对象：						
号次	施工过程组成部分名称	时间消耗量	组成部分号次	起止时间		延续时间	完成产品		附注	组成部分号次	起止时间		延续时间	完成产品		附注
				时-分	秒		计量单位	数量			时-分	秒		计量单位	数量	
(1)	(2)	(3)	(4)	(5)	(6)	(7)	(8)	(9)	(10)	(11)	(12)	(13)	(14)	(15)	(16)	(17)
1	准备	3′10″	×	8-53	10											
2	砌筑	40′36″	1	54	04	54″										
3	休息	2′49″	2	9-06	24	12′20″										
4	挂线	2′51″	3	08	29	2′05″			熄灯							
5	垂直度检查	1′40″	2	10	47	2′18″										
6	墙高度校正	9′55″	3	11	31	44″										
			2	16	16	4′45″										
			4	19	07	2′51″										
			2	29	21	10′14″										
			5	30	0	39″										
			1	32	16	2′16″										
			2	33	51	1′35″										
			6	43	46	9′55″			高度与其他墙不一							
			2	53	10	9′24″	m^3	0.431	高 0.81 长 2.8 宽 0.19(m)							
			5	54	11	1′01″										
		61′01″				61′01″										

注：工作面位于地下室，故熄灯后不具备照明条件，无法工作。

表 3-5　数示法写实记录表（3）　　观察者：

工地名称		×××项目		开始时间		8:53:08			延续时间		1:08:29		调查号次			
施工单位名称		×××施工单位		终止时间		10:01:37			记录日期		2009.10.17		页次		1	
施工过程：砌筑页岩空心砌块填充墙						观察对象：王××				观察对象：						
号次	施工过程组成部分名称	时间消耗量	组成部分号次	起止时间		延续时间	完成产品		附注	组成部分号次	起止时间		延续时间	完成产品		附注
				时-分	秒		计量单位	数量			时-分	秒		计量单位	数量	
(1)	(2)	(3)	(4)	(5)	(6)	(7)	(8)	(9)	(10)	(11)	(12)	(13)	(14)	(15)	(16)	(17)
1	砌筑	49′46″	×	8-53	08											
2	休息	1′27″	1	9-01	21	8′13″										
3	准备	15′40″	2	02	39	1′18″			聊天，吸烟							
4	垂直度检查	1′36″	1	19	31	16′52″										
			3	35	11	15′40″			移动脚手架等							
			1	56	31	21′20″										
			4	58	07	1′36″										
			2	58	16	09″			点烟							
			1	10-01	37	3′21″	m^3	0.554								
		68′29″				68′29″										

表 3-6 数示法写实记录表（4）

观察者：

工地名称	×××项目	开始时间	8:53:15	延续时间	1:01:35	调查号次	
施工单位名称	×××施工单位	终止时间	9:54:50	记录日期	2009.10.17	页次	1

施工过程：砌筑页岩空心砌块填充墙						观察对象：万××				观察对象：						
号次	施工过程组成部分名称	时间消耗量	组成部分号次	起止时间		延续时间	完成产品		附注	组成部分号次	起止时间		延续时间	完成产品		附注
				时–分	秒		计量单位	数量			时–分	秒		计量单位	数量	
(1)	(2)	(3)	(4)	(5)	(6)	(7)	(8)	(9)	(10)	(11)	(12)	(13)	(14)	(15)	(16)	(17)
1	砌筑	43′38″	×	8-53	15											
2	休息	11′06″	1	9-04	27	11′12″										
3	等砖	1′01″	2	05	45	1′18″			交谈							
4	准备	4′33″	1	08	08	2′23″										
5	劳动组织造成中断	1′17″	3	09	09	1′01″			指挥普工搬砖							
			1	29	13	20′04″										
			4	33	46	4′33″										
			2	42	33	8′47″			吸烟							
			1	46	31	3′58″										
			2	47	32	1′01″			交谈							
			1	53	33	6′01″	m^3	0.511								
			5	54	50	1′17″			出现意外情况							
		67′35″				67′35″										

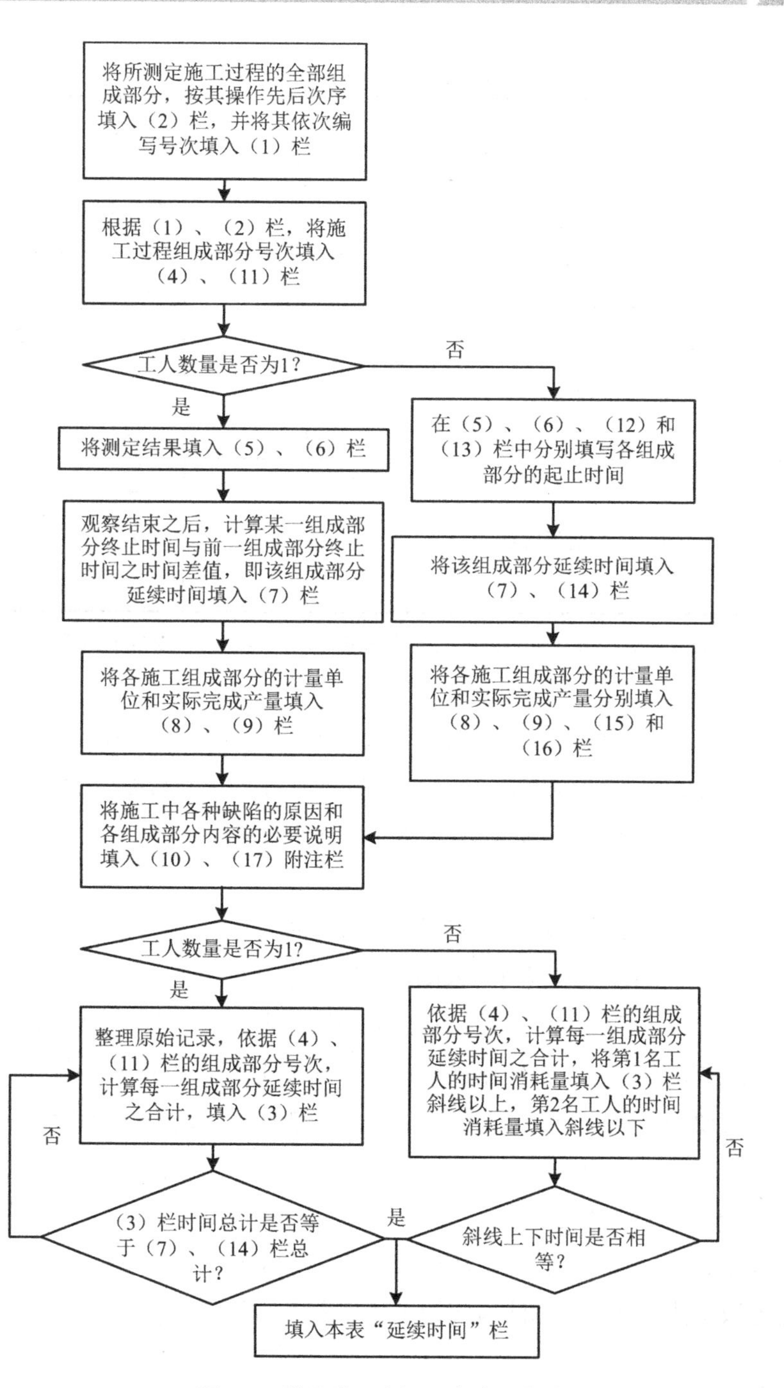

图 3-1　数示法写实记录表填写方法

表 3-7　写实记录法延续时间表

序号	项　目	同时测定施工过程的类型数	测定对象		
			单人的	集体的	
				2～3 人	4 人以上
1	被测定的个人或小组的最低数	任一数	3 人	3 小组	2 小组
2	测定总延续时间的最小值（小时）	1	16	12	8
		2	23	18	12
		3	28	21	24
3	测定完成产品的最低次数	1	4	4	4
		2	6	6	6
		3	7	7	7

注：① 应用本表确定延续时间须同时满足表中三项要求，其中任一项达不到最低要求时，应酌情增加延续时间。

② 本表适用于一般施工过程，如遇个别施工过程的单位产品所需消耗时间过长时，可适当减少表中测定完成产品的最低次数，同时还应酌情增加测定的总延续时间；如遇个别施工过程单位产品所需时间过短时，则应适当增加测定完成产品的最低次数，并酌情减少测定的总延续时间。

（2）图示法写实记录。图示法写实记录，可同时对三个以内的工人进行观察，记录时间精确度可达 1s～1min，观察资料记入图示法写实记录表中。

图示法写实记录表填写的特点是：观察前先填好表头、号次和组成部分名称，观察开始后再根据各组成部分的延续时间用横线画出。这段横线必须和该组成部分的开始与结束时间相符合。为便于区分两个以上工人的工作时间消耗，又设一辅助直线，将属于同一工人的横线段连接起来。观察结束后，再分别计算出每一工人在各个组成部分上的时间消耗，以及各组成部分的工时总消耗。

图示法较之数示法的优点，主要是时间记录清晰易懂，记录技术简便，整理图表简易，所以应用也比数示法广泛。图示法写实记录表如表 3-8 所示。

表 3-8　图示法写实记录表

工地名称	XXX项目施工现场	开始时间	8:53	延续时间	1小时	调查号次	
施工单位名称	XXX施工单位	终止时间	9:53	记录日期	2009年10月17日	页次	1
施工过程	砌筑200mm厚页岩空心砌块填充墙	观察对象	刘XX、林XX、王XX				

号次	各组成部分名称	05　10　15　20　25　30　35　40　45　50　55	时间合计（分）	产品数量	附注
1	准备		33		
2	摆砖样		6		
3	挂线		14		
4	休息		5		
5	砌筑		107	$1.34m^3$	
6	劳动组织造成中断		4		
7	垂直度检查		1		
8	墙高度校正		10		
		总计	180		

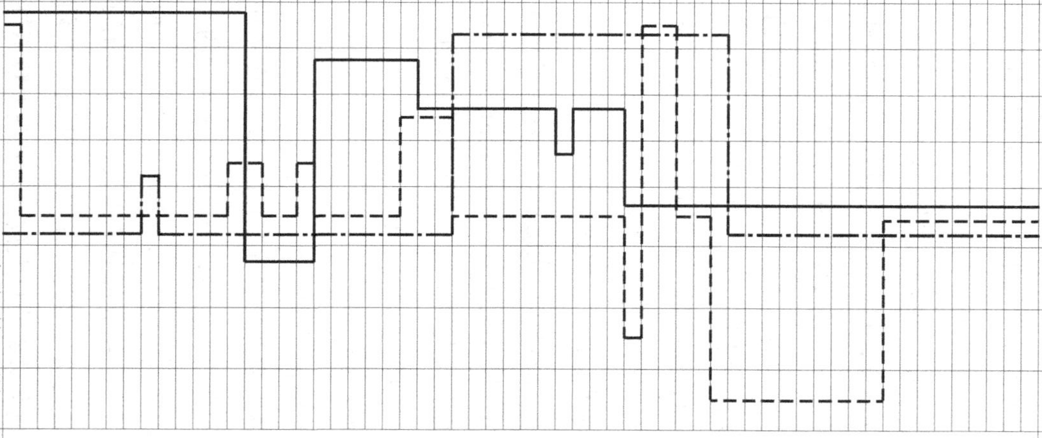

图示法写实记录表的填写方法如下：

表中划分为许多小格，每格为 1 分钟，每张表可记录 1 小时的时间消耗。为了记录时间方便，每 5 个小格和每 10 个小格处以数字标记。

表中“号次”及“各组成部分名称”栏，应在实际测定过程中按所测施工过程的各组成部分出现的先后顺序随时填写。记录时间时用铅笔在各组成部分相应的横行中画直线段，每个工人一条线，每一线段的始端和末端应与该组成部分的开始时间和终止时间相符合。工作 1 分钟，直线段延伸一个小格。测两个以上的工人工作时，最好使用不同颜色的笔迹或不同线型，以便区分每个工人的线段。当工人的操作由一组成部分转入另一组成部分时，时间线段亦应随着改变其位置，并应将前一线段的末端画垂直线与后一线段的始端相连接。

“产品数量”栏，按各组成部分的计量单位和所完成的产量填写，如个别组成部分的完成产量无法计算或无实际意义者，不必填写。最终产品数量应在观察完毕之后，查点或测量清楚填写在图示法写实记录表第 1 页“附注”栏中。

“附注”栏，应简明扼要地说明有关影响因素和造成非定额时间的原因。

“时间合计”栏，在观察结束之后，及时将每一组成部分消耗的时间合计后填入。最后将各组成部分所消耗的时间汇总后，填入“总计”栏内。

（3）混合法写实记录。混合法写实记录，可以同时对 3 个以上工人进行观察，记录观察资料的表格仍采用图示法写实记录表。填写表格时，各组成部分的延续时间用图示法填写，完成每一组成部分的工人人数，则用数字填写在该组成部分时间线段的上面。该方法操作比较简便，与数示法、图示法相比更经济。

混合法写实记录表如表 3-9 所示。

混合法写实记录表的填表方法如下：

表中“号次”和“各组成部分名称”栏的填写与图示法相同。所测施工过程各组成部分的延续时间，用相应的直线段表示，完成该组成部分的工人人数用数字填写在其时间线段的始端上面。当某一组成部分的工人人数发生变动时，应立即将变动后的人数填写在变动处。同时还应注意，当一个组成部分的工人人数有变化时，必然要引起另一组成部分或数个组成部分中工人人数变动。因此，在观察过程中，应随时核对各组成部分在同一时间的工人人数，是否等于观察对象的总人数，如发现人数不符应立即纠正。

混合法记录时间时，不论测定多少工人工作，在所测施工过程各组成部分的时间栏里只用一条直线段表示，不能用垂直线表示工人从一个组成部分转入另一组成部分。

表 3-9　混合法写实记录表

工地名称	XXX项目施工现场	开始时间	8:53	延续时间	1小时	调查号次	
施工单位名称	XXX施工单位	终止时间	9:53	记录日期	2009年10月17日	页次	1
施工过程	砌筑200mm厚页岩空心砌块填充墙	观察对象	刘XX、林XX、王XX、万XX				

号次	各组成部分名称	05　10　15　20　25　30　35　40　45　50　55	时间合计（分）	产品数量	附注
1	准备	2 1　1　2 3 1	37		
2	摆砖样	1	6		
3	挂线	1 2 1　1	14		
4	休息	1　1　1　1　1　1　1	16		
5	砌筑	2 3　2 3　2 3 2 1 3　2 3　2　1　2　1 2　3　4 3 4　3	150	1.851m³	
6	劳动组织造成中断	2 1　1	6		
7	垂直度检查	1	1		
8	墙高度校正	1	10		
		总计	240		

“产品数量”和“附注”栏的填写方法与图示法相同。

混合法写实记录表整理时，先将所测施工过程每一组成部分各条线段的延续时间分别计算出来，即将工人人数与其工作时间相乘并累加，得到完成某一组成部分的时间消耗，填入“时间合计”栏里。最后将各组成部分时间合计加总后，填入“总计”栏内。

3. 工作日写实法

工作日写实法，是对工人整个工作日的工时利用情况，按照时间消耗的顺序进行实地观察、记录和分析研究的一种测定方法。工作日写实法侧重于研究工作日的工时利用情况，是一种研究整个工作班内的有效工作时间、休息时间和不可避免中断时间的方法，也是研究各种损失时间工时消耗的一种方法。

运用工作日写实法主要有两个目的。

（1）取得编制定额的基础资料。这要求工作日写实的结果要获得观察对象在工作班内工时消耗的全部情况，以及产品数量和影响工时消耗的因素，其中工时消耗应该按工时消耗的性质分类记录。

（2）检查定额的执行情况，找出缺点，改进工作。这要求通过工作日写实应该做到如下几点：

1）查明工时损失量和引起工时损失的原因，制定消除工时损失，改善劳动组织和工作地点组织的措施。

2）查明熟练工人是否能发挥自己的专长，确定合理的小组编制和合理的小组分工。

3）确定机器在时间利用和生产率方面的情况，找出使用不当的原因，订出改善机器使用情况的技术组织措施。

4）编制企业定额时，计算工人或机器完成定额的实际百分比和可能百分比。

工作日写实法和测时法、写实记录法比较，具有技术简便、费力不多、应用面广和资料全面的优点，在我国是一种采用较广的编制定额的方法。

工作日写实法，利用写实记录表记录观察资料，记录方法同图示法或混合法，可以说是一种扩大的写实记录法。记录时间时不需要将有效工作时间分为各个组成部分，只需划分适合于技术水平和不适合于技术水平两类。但是工时消耗还需按性质分类记录，如表3-10所示。

表 3-10　工作日写实结果表

<table>
<tr><td colspan="3">施工单位名称</td><td>测定日期</td><td>延续时间</td><td colspan="2">调查号次</td><td>页次</td></tr>
<tr><td colspan="3">×××施工单位</td><td>×年×月×日</td><td>8:30</td><td colspan="2"></td><td></td></tr>
<tr><td colspan="3">施工过程名称</td><td colspan="5">直形墙模板安装</td></tr>
<tr><td colspan="8">工时消耗表</td></tr>
<tr><td>号次</td><td colspan="3">工时消耗分类</td><td>时间消耗（分）</td><td>百分比（%）</td><td colspan="2">施工过程中的问题与建议</td></tr>
<tr><td>1</td><td rowspan="7">定额时间</td><td rowspan="2">基本工作时间</td><td>适于技术水平的</td><td>1 313</td><td>66.1</td><td colspan="2" rowspan="21">本资料造成非定额时间的原因主要是：
1. 劳动组织不合理，开始由三人操作，中途又增加一人，在实际工作中经常出现一人等工现象。
2. 上班领料时未找见材料员，造成等工。
3. 由于技术交底马虎，工人对产品规格要求也未真正弄清楚，结果造成返工。
4. 违犯劳动纪律，主要是迟上班和工作时间闲谈。
建议：
切实加强施工管理工作，班前要认真做好技术交底，职能人员要坚守工作岗位，保证材料及时供应，并应预先办好领料手续，提前领料，科学地按定额规定每工应完成的产量，结合工人实际工效安排劳动力，加强劳动纪律教育，按时上班。
经认真改善后，劳动效率可提高 27%（可能完成定额百分比–实际完成定额百分比）左右。</td></tr>
<tr><td>2</td><td>不适于技术水平的</td><td></td><td></td></tr>
<tr><td>3</td><td colspan="2">辅助工作时间</td><td>110</td><td>5.54</td></tr>
<tr><td>4</td><td colspan="2">准备与结束时间</td><td>16</td><td>0.81</td></tr>
<tr><td>5</td><td colspan="2">休息时间</td><td>11</td><td>0.55</td></tr>
<tr><td>6</td><td colspan="2">不可避免中断时间</td><td>8</td><td>0.41</td></tr>
<tr><td>7</td><td colspan="2">合　计</td><td>1 458</td><td>73.41</td></tr>
<tr><td>8</td><td rowspan="9">非定额时间</td><td colspan="2">由于劳动组织停工</td><td>32</td><td>1.6</td></tr>
<tr><td>9</td><td colspan="2">由于缺乏材料停工</td><td>214</td><td>10.78</td></tr>
<tr><td>10</td><td colspan="2">由于工作地点未准备好停工</td><td></td><td></td></tr>
<tr><td>11</td><td colspan="2">由于机具设备不正常停工</td><td></td><td></td></tr>
<tr><td>12</td><td colspan="2">由于产品质量返工</td><td>158</td><td>7.96</td></tr>
<tr><td>13</td><td colspan="2">偶然停工（包括停水、停电、暴风雨）</td><td></td><td></td></tr>
<tr><td>14</td><td colspan="2">违反劳动纪律</td><td>124</td><td>6.25</td></tr>
<tr><td>15</td><td colspan="2">其他损失时间</td><td></td><td></td></tr>
<tr><td>16</td><td colspan="2">合　计</td><td>528</td><td>26.59</td></tr>
<tr><td>17</td><td colspan="3">时间消耗总计</td><td>1 986</td><td>100</td></tr>
<tr><td colspan="6">完成定额情况</td></tr>
<tr><td>定额编号</td><td>8-4-45</td><td colspan="2">完成产品数量</td><td colspan="2">38.98m²</td></tr>
<tr><td rowspan="2">定额工日</td><td rowspan="2">3.12</td><td colspan="2" rowspan="2">完成定额百分比</td><td>实际</td><td>75.43%</td></tr>
<tr><td>可能</td><td>102.75%</td></tr>
</table>

观察者：

注："实际完成定额百分比"与"可能完成定额百分比"的计算方法如下。

现行劳动产量定额= 38.98 ÷ 3.12 = 12.49（m^2/工日）

实际每工日完成产量= 38.98 ÷ [时间消耗总计（17）÷ 60 ÷ 8] = 9.42（m^2/工日）

实际完成定额百分比=实际每工日完成产量÷现行劳动产量定额×100%=75.43%

可能每工日完成产量= 38.98 ÷ [定额时间合计（7）÷ 60 ÷ 8] = 12.83（m^2/工日）

可能完成定额百分比=可能每工日完成产量÷现行劳动产量定额×100% = 102.75%

上述介绍了计时观察的主要方法。在实际工作中，有时为了减少测时工作量，往往采取某些简化的方法。这在制定一些次要的、补充的和一次性定额时，是很可取的。在查明大幅度超额和完不成定额的原因时，采用简化方法也比较经济。简化的最主要途径是合并组成部分的项目。例如，把施工过程的组成部分简化为有效工作、休息、不可避免中断和损失时间四项。当然，具体情况还须根据实际需要来决定。

3.2.3 资料的整理

对每次计时观察之后，要对整个施工过程的观察资料进行系统的分析研究和整理。计时观察的结果会获得大量的数据和文字记载，而无论数据还是文字记载，都是不可缺少的资料，两者相互补充，才能获得满意的结果。

1. 测时法资料的整理

（1）测时法观察次数。观察次数越多，测得的资料准确程度越高，但是却需要花费较多的时间以及人力、物力来完成测定工作，显然这样是不经济且不现实的。表3-11所示为测时法必需观察次数表，以此为依据可以确定必要的、能保证测时资料准确性的观察次数。

表3-11 测时法必需观察次数表

精确度要求 / 稳定系数 K_p	算术平均值精确度（%）				
	5以内	7以内	10以内	15以内	20以内
1.5	9	6	5	5	5
2	16	11	7	5	5

续表

精确度要求 / 稳定系数 K_p	算术平均值精确度（%）				
	5 以内	7 以内	10 以内	15 以内	20 以内
2.5	23	15	10	6	5
3	30	18	12	8	6
4	39	25	15	10	7
5	47	31	19	11	8

表 3-8 中稳定系数

$$K_p = \frac{t_{\max}}{t_{\min}} \qquad (3\text{-}1)$$

式中　$t_{\max}$——最大观察值；

$t_{\min}$——最小观察值。

算术平均值精确度的计算公式为

$$E = \pm\frac{1}{\bar{x}}\sqrt{\frac{\sum\Delta^2}{n(n-1)}} \qquad (3\text{-}2)$$

式中　E——算术平均值精确度；

$\bar{x}$——算术平均值；

n——观察次数；

Δ——每一观察值与算术平均值的偏差。

【例 3-1】 塔式起重机吊运 ALC 砂加气蒸养混凝土墙板施工过程中，起吊共观察 7 次，测得延续时间数列为（s）107, 88, 98, 68, 96, 64, 106，校验观察次数是否符合要求。

解：

算术平均值 $\bar{x}$ =89.6

算术平均值精确度 $E = \pm\frac{1}{\bar{x}}\sqrt{\frac{\sum\Delta^2}{n(n-1)}}$ =±7.3%

稳定系数$K_p=\frac{t_{max}}{t_{min}}=1.7$

根据以上计算得到的稳定系数K_p和算术平均值精确度E，查表3-8得到测时必须观察次数，即稳定系数K_p在2以内，算术平均值精确度E在10%以内，应测定7次。显然，本测时资料观察次数满足要求。否则，应增加测定次数。

（2）测时数列整理。测时法资料的整理通常采用平均修正法。平均修正法是一种在对测时数列进行修正的基础上，求出平均值的方法。修正测时数列，就是剔除或修正偏高和偏低的可疑数值，保证观察数据不受偶然因素的影响。

确定偏高和偏低时间数值的方法是：计算出最大极限数值和最小极限数值，超过极限值的时间数值就是可疑值。

$$最大极限值=\overline{x}+K(M-S) \tag{3-3}$$

$$最小极限值=\overline{x}-K(M-S) \tag{3-4}$$

式中 $\overline{x}$——测时数列的算术平均值；

K——极限系数，参见表3-12；

M——测时数列的最大值；

S——测时数列的最小值。

表3-12 极限系数表

观察次数	极限系数 K
5	1.3
6	1.2
7～8	1.1
9～10	1
11～15	0.9
16～30	0.8

计算测时数列的平均修正值，可以采用算术平均值，也可以采用加权平均值。当测时数列受产品数量影响时，采用加权平均值可以考虑到每次观察中产品数量的变化对观察结果的影响。

【例 3-2】如接续法测时表 3-2 所示，利用式（3-3）计算起吊阶段延续时间最大极限值。

解：该数列中可疑数值为 276，根据上述方法试抽去该数值，然后计算其最大极限。

$$\bar{x}=\frac{83+92+59+160+88+113+127+70+138}{9}=103.3$$

$$\lim_{max}=103.3+1.0\times(160-65)=199$$

$$\lim_{min}=103.3-1.0\times(160-65)=9$$

276> $\lim_{max}$，故必须从该数列中抽去可疑数值 276，所求之平均修正值为 103.3。

一个测时数列中的可疑数值一般为 1 ~ 2 个误差相对较大的数值，视情况每次抽去 1 ~ 2 个可疑数值连续进行校验。如一个测时数列中存在 3 个及以上可疑数值时，应予以抛弃，重新观察测时。

测时数列经过整理后，将保留下来的数值计算算术平均值，填入测时记录表“平均修正值”栏里，作为该组成部分在相应条件下的延续时间。“时间总和”和“循环次数”栏也应按整理后的合计数填入。

2．写实记录法资料的整理

汇总整理是写实记录法的重要环节，它是将写实记录法所取得的若干原始记录表记载的工作时间消耗和完成产品数量进行汇总，并根据调查的有关影响因素加以分析研究，调整各组成部分不合理的时间消耗，最后确定出单位产品所必需的时间消耗量。写实记录法汇总整理过程如表 3-13 和表 3-14 所示。

由于所测资料受到施工过程中各类因素的影响，其时间消耗不尽一致，有时甚至相差较大。因此，需要根据不同操作对象、施工条件对同一施工过程测得的资料进行分析研究，进行综合考虑，以便提供更加完善、合理、准确的技术资料。进行综合分析时，各份所测资料的工作内容必须完整且一致，使用的工具、机具、操作方法等主要要素基本一致，只有这样，综合分析的结果才可以作为定额编制的技术依据。综合分析方法如表 3-15 所示。

3．工作日写实法资料的整理

工作日写实记录汇总时，各类时间消耗栏均应按时间消耗的百分数填写，如表 3-16 所示。其中“加权平均值”的计算方法为

表 3-13　写实记录法汇总整理表（1）

<table>
<tr><td colspan="3">施工单位名称</td><td colspan="2">工地名称</td><td colspan="2">日期</td><td colspan="2">开始时间</td><td colspan="2">终止时间</td><td colspan="2">延续时间</td><td>调查号次</td><td>页次</td></tr>
<tr><td colspan="3">×××施工单位</td><td colspan="2">×××项目</td><td colspan="2">×年×月×日</td><td colspan="2">8 时 0 分</td><td colspan="2">18 时 0 分</td><td colspan="2">8 小时</td><td></td><td></td></tr>
<tr><td colspan="3">施工过程名称</td><td colspan="12">砌筑 1 砖厚单面清水墙（3 人小组）</td></tr>
<tr><td rowspan="2">序号</td><td rowspan="2">组成部分名称</td><td rowspan="2">时间消耗（分）</td><td rowspan="2">占全部时间的百分比</td><td colspan="2">计量单位</td><td colspan="2">产品完成数量</td><td rowspan="2">组成部分的平均时间消耗</td><td colspan="2">换算系数</td><td colspan="2">单位产品的平均时间消耗</td><td rowspan="2">占单位产品平均消耗的百分比</td><td rowspan="2">附注</td></tr>
<tr><td>按组成部分</td><td>按最终产品</td><td>组成部分的</td><td>最终产品的</td><td>实际</td><td>调整</td><td>实际</td><td>调整</td></tr>
<tr><td>(1)</td><td>(2)</td><td>(3)</td><td>(4)</td><td>(5)</td><td>(6)</td><td>(7)</td><td>(8)</td><td>(9)</td><td>(10)</td><td>(11)</td><td>(12)</td><td>(13)</td><td>(14)</td><td></td></tr>
<tr><td></td><td></td><td>按写实记录表各组成部分时间合计填写</td><td>(3)÷时间消耗合计(%)</td><td colspan="4">按写实记录表填写</td><td>(3)÷(7)</td><td>(7)÷(8)</td><td>综合分析确定</td><td>(9)×(10)或(3)×(8)</td><td>(9)×(11)</td><td>(13)÷定额时间合计(%)</td><td></td></tr>
<tr><td>1</td><td>拉线</td><td>28</td><td>1.94</td><td>次</td><td></td><td>9</td><td></td><td>3.11</td><td>1.40</td><td>2.81</td><td>4.35</td><td>8.74</td><td>3.88</td><td>1. 本资料拉线，每砌两皮砖拉一次，不符合操作规程，故换算系数按实际皮数应调整为 2.81</td></tr>
<tr><td>2</td><td>砌砖（包括铺灰浆）</td><td>1 186</td><td>82.36</td><td>m^3</td><td></td><td>6.41</td><td></td><td>185.02</td><td>1</td><td>1</td><td>185.02</td><td>185.02</td><td>82.04</td><td></td></tr>
<tr><td>3</td><td>检查墙面</td><td>41</td><td>2.85</td><td>次</td><td></td><td>7</td><td></td><td>5.86</td><td>1.09</td><td>1.09</td><td>6.39</td><td>6.39</td><td>2.83</td><td></td></tr>
<tr><td>4</td><td>清扫墙面</td><td>37</td><td>2.57</td><td>m^2</td><td>m^3</td><td>21</td><td>6.41</td><td>1.76</td><td>3.28</td><td>4.17</td><td>5.77</td><td>7.34</td><td>3.25</td><td>2.清扫墙面换算系数：1÷0.24=4.17</td></tr>
</table>

续表

施工单位名称	工地名称	日期	开始时间	终止时间	延续时间	调查号次	页次
×××施工单位	×××项目	×年×月×日	8 时 0 分	18 时 0 分	8 小时		
施工过程名称	砌筑 1 砖厚单面清水墙（3 人小组）						

序号	组成部分名称	时间消耗（分）	占全部时间的百分比	计量单位		产品完成数量		组成部分的平均时间消耗	换算系数		单位产品的平均时间消耗		占单位产品平均消耗的百分比	附注
				按组成部分	按最终产品	组成部分的	最终产品的		实际	调整	实际	调整		
(1)	(2)	(3)	(4)	(5)	(6)	(7)	(8)	(9)	(10)	(11)	(12)	(13)	(14)	
		按写实记录表各组成部分时间合计填写	(3)÷时间消耗合计(%)	按写实记录表填写				(3)÷(7)	(7)÷(8)	综合分析确定	(9)×(10)或(3)×(8)	(9)×(11)	(13)÷定额时间合计(%)	
	基本工作时间和辅助工作时间合计	1 292	89.72								201.53	207.49	92.7	
5	准备与结束工作时间	29	2.01								4.52	4.52	2	
6	休息	76	5.28								11.86	11.86	5.3	
	定额时间合计	1 397	97.01								217.91	223.87	100	
7	等灰浆	19	1.32								2.96			
8	做其他工作	24	1.67								3.74			
	非定额时间合计	43	2.99								6.70			
	时间消耗合计	1 440	100								224.61			

编制者：

注：① 换算系数是指将各组成部分的产量换算为最终单位产品时的系数，用于计算单位产品中各组成部分所必需的消耗时间。确定(11)栏数值，要详细分析第(10)栏各组成部分的换算系数是否符合实际，若不合理则应予以调整，将调整后的系数填入本栏，并将调整依据和计算方法写在“附注”栏内。如无须调整，则仍按第(10)栏系数填入。例如本资料的“拉线”这一组成部分，工人在实际操作中是每砌两皮砖拉一次线，按照操作规程的要求应每砌一皮砖拉一次线。因此，根据实砌皮数将(11)栏换算系数调整为2.81。

② 若准备与结束时间和休息时间不合理，应予以调整，将调整后的数字填入(13)栏，并将调整依据记入“附注”栏中。

③ 延续时间已扣除午休时间，每工日计8小时。

④ 本资料清理工作地点未观察到，使用本资料时应予以适当考虑。

⑤ 等灰浆和做其他工作属于组织安排不当，消耗时间已全部强化。

⑥ 本资料施工条件正常，工人劳动干劲大，可供编制定额参考。

表3-14　写实记录法汇总整理表（2）

现行定额编号	劳动定额项目名称	计量单位	完成产品数量	时间消耗（工日）				每工产量		定额工日	完成定额百分比		附注
				全部量		单位产品平均时间消耗		实际	调整		实际	调整	
				实际	调整	实际	调整						
(15)	(16)	(17)	(18)	(19)	(20)	(21)	(22)	(23)	(24)	(25)	(26)	(27)	
按现行劳动定额填写		按(6)、(8)填写		(3)折算为工日数	(8)×(13)折算为工日数	(19)÷(18)	(20)÷(18)	1÷(21)	1÷(22)	(18)×现行劳动时间定额	(%)	(%)	
4-2-9	1砖厚单面清水墙	m^3	6.41	3	3.01	0.468	0.470	2.14	2.13	3.34	111%	110.9%	

注：① 如遇实际情况与现行劳动定额规定不符时，应按现行劳动定额的有关规定换算为统一口径。如砌墙工程，现行劳动定额规定，外墙门窗洞口面积超过30%时，应予加工，则本栏的定额工日即应为时间定额乘以实际完成工程量与现行劳动定额规定每立方米砌体的增加工日数之和。

② 完成定额百分比计算方法见“工作日写实结果表”注。

表 3-15 写实记录法综合分析表

<table>
<tr><td colspan="3">施工单位名称</td><td colspan="8">×××施工单位</td><td colspan="4">编制日期</td><td colspan="4">×年×月×日</td></tr>
<tr><td colspan="3">施工过程</td><td colspan="16">砌筑 1 砖厚单面清水墙</td></tr>
<tr><td colspan="3">观察日期</td><td colspan="4">×年×月×日</td><td colspan="4">×年×月×日</td><td colspan="4">×年×月×日</td><td colspan="4" rowspan="2">结论</td></tr>
<tr><td colspan="3">延续时间</td><td colspan="4">8 小时</td><td colspan="4">7 小时 35 分</td><td colspan="4">5 小时 53 分</td></tr>
<tr><td rowspan="8">各次观察中因素情况</td><td colspan="2">工作地点特征</td><td colspan="4">在平地上操作</td><td colspan="4">在二排脚手架上操作</td><td colspan="4">在三排脚手架上操作</td><td colspan="4">一般宿舍楼，在三步架以内操作</td></tr>
<tr><td colspan="2">工作段的结构特征</td><td colspan="4">门窗洞三个、窗盘、线角</td><td colspan="4">门窗洞四个、线角留槎</td><td colspan="4">两个砖垛</td><td colspan="4">有门窗洞口，线角、砖垛、墙面艺术形式在 10%以内</td></tr>
<tr><td colspan="2">工作组织</td><td colspan="4">三人分段操作</td><td colspan="4">二人分段操作</td><td colspan="4">三人分段操作</td><td colspan="4">三人分段操作</td></tr>
<tr><td colspan="2">劳动组织</td><td colspan="4">六级工-1，四级工-1，三级工-1</td><td colspan="4">四级工-2</td><td colspan="4">四级工-2，三级工-1</td><td colspan="4">六级工-1，四级工-1，三级工-1</td></tr>
<tr><td colspan="2">工具机具状况</td><td colspan="4">使用一般手工工具</td><td colspan="4">使用一般手工工具</td><td colspan="4">使用一般手工工具</td><td colspan="4">泥刀、线锤、麻线等一般工具</td></tr>
<tr><td colspan="2">使用材料说明</td><td colspan="4">25#砂浆、标准砖</td><td colspan="4">25#砂浆、标准砖</td><td colspan="4">25#砂浆、标准砖</td><td colspan="4">25#砂浆、标准砖</td></tr>
<tr><td colspan="2">质量情况</td><td colspan="4">符合要求</td><td colspan="4">符合要求</td><td colspan="4">墙面垂直平整、灰浆不够饱满</td><td colspan="4">墙面垂直平整、灰浆饱满符合要求</td></tr>
<tr><td colspan="2">完成产品的数量（单位）</td><td colspan="4">6.41m³</td><td colspan="4">5.15m³</td><td colspan="4">3.99m³</td><td colspan="4"></td></tr>
<tr><td>号次</td><td>组成部分名称</td><td>单位</td><td>组成部分平均时间消耗</td><td>换算系数</td><td>单位产品时间消耗</td><td>占单位产品时间的百分比</td><td>组成部分平均时间消耗</td><td>换算系数</td><td>单位产品时间消耗</td><td>占单位产品时间的百分比</td><td>组成部分平均时间消耗</td><td>换算系数</td><td>单位产品时间消耗</td><td>占单位产品时间的百分比</td><td>组成部分平均时间消耗</td><td>换算系数</td><td>单位产品时间消耗</td><td>占单位产品时间的百分比</td></tr>
<tr><td>1</td><td>拉线</td><td>次</td><td>3.11</td><td>2.81</td><td>8.74</td><td>3.88</td><td>2</td><td>0.19</td><td>0.38</td><td>0.22</td><td>1.08</td><td>3.01</td><td>3.25</td><td>1.92</td><td>2.06</td><td>2.81</td><td>5.79</td><td>2.89</td></tr>
<tr><td>2</td><td>砌砖</td><td>m³</td><td>185.02</td><td>1</td><td>185.02</td><td>82.04</td><td>168.92</td><td>1</td><td>168.92</td><td>96.45</td><td>146.08</td><td>1</td><td>146.08</td><td>86.49</td><td>166.67</td><td>1</td><td>166.67</td><td>83.21</td></tr>
<tr><td>3</td><td>检查砌体</td><td>次</td><td>5.86</td><td>1.09</td><td>6.39</td><td>2.83</td><td>1.7</td><td>1.94</td><td>3.3</td><td>1.88</td><td>1.62</td><td>3.26</td><td>5.28</td><td>3.13</td><td>3.06</td><td>2.1</td><td>6.43</td><td>3.21</td></tr>
</table>

续表

号次	组成部分名称	单位	组成部分平均时间消耗	换算系数	单位产品时间消耗	占单位产品时间的百分比	组成部分平均时间消耗	换算系数	单位产品时间消耗	占单位产品时间的百分比	组成部分平均时间消耗	换算系数	单位产品时间消耗	占单位产品时间的百分比	组成部分平均时间消耗	换算系数	单位产品时间消耗	占单位产品时间的百分比
4	清扫墙面	m^2	1.76	4.17	7.34	3.25	0.65	3.3	2.15	1.23	1.45	4.15	6.02	3.56	1.29	4.17	5.38	2.69
5	基本工作和辅助工作时间合计				207.49	92.5			174.75	99.78			160.53	95.1			184.27	92.0
6	准备与结束工作				4.52	2							4.26	2.52			4.01	2
7	休息				11.86	5.3			0.39	0.22			4.01	2.38			12.02	6
8																		
9																		
10	定额时间合计				223.87	100			175.14	100			168.90	100			200.3	100

注：①“组成部分平均时间消耗”、“换算系数”、“单位产品时间消耗”、“占单位产品时间的百分比”等栏，按照表3-14写实记录法汇总整理表(1)至(9)、(11)、(13)、(14)栏填写，若无换算系数，则按实际内容填写。

② 经过综合分析后，拟定正常施工条件，填入“结论”栏，其中，“组成部分平均时间消耗”为各份资料的“组成部分平均时间消耗”之平均值；“换算系数”根据各份资料的“换算系数”分析确定，可采用其平均值，亦可采用其中有代表性的某份资料的“换算系数”；“单位产品时间消耗”以“组成部分平均时间消耗”乘以“换算系数”得到。

$$\overline{x}=\frac{\sum RB}{\sum R} \tag{3-5}$$

式中　$\overline{x}$——加权平均值；

R——各份观察资料的人数；

B——各类工时消耗百分比。

表 3-16　工作日写实法结果汇总表

<table>
<tr><td colspan="3">施工单位名称</td><td>×××施工单位</td><td colspan="4">工种</td><td colspan="2">木工</td></tr>
<tr><td rowspan="5">序号</td><td colspan="3">测定日期</td><td>×</td><td>×</td><td>×</td><td>×</td><td rowspan="5">加权平均值</td><td rowspan="5">附　注</td></tr>
<tr><td colspan="3">延续时间</td><td>9 小时 30 分</td><td>8 小时</td><td>8 小时</td><td>8 小时</td></tr>
<tr><td colspan="3">施工过程名称</td><td>直形墙模板安装</td><td>基础模板安装</td><td>杯形柱基模板安装</td><td>杯形柱基模板安装</td></tr>
<tr><td colspan="3">班组长姓名</td><td>×××</td><td>×××</td><td>×××</td><td>×××</td></tr>
<tr><td colspan="3">班组人数</td><td>3</td><td>2</td><td>3</td><td>4</td></tr>
<tr><td>1</td><td rowspan="7">定额时间</td><td rowspan="2">基本工作时间</td><td>适于技术水平的</td><td>66.1</td><td>75.91</td><td>62.8</td><td>91.22</td><td>75.28</td><td rowspan="11"></td></tr>
<tr><td>2</td><td>不适于技术水平的</td><td></td><td></td><td></td><td></td><td></td></tr>
<tr><td>3</td><td colspan="2">辅助工作时间</td><td>5.54</td><td>1.88</td><td>2.35</td><td>1.48</td><td>2.78</td></tr>
<tr><td>4</td><td colspan="2">准备与结束时间</td><td>0.81</td><td>1.9</td><td>2.6</td><td>0.56</td><td>1.36</td></tr>
<tr><td>5</td><td colspan="2">休息时间</td><td>0.55</td><td>3.77</td><td>2.98</td><td>4.18</td><td>2.91</td></tr>
<tr><td>6</td><td colspan="2">不可避免中断时间</td><td>0.41</td><td></td><td></td><td></td><td>0.1</td></tr>
<tr><td>7</td><td colspan="2">合计</td><td>73.41</td><td>83.46</td><td>70.73</td><td>97.44</td><td>82.43</td></tr>
<tr><td>8</td><td rowspan="4">非定额时间</td><td colspan="2">由于劳动组织停工</td><td>1.6</td><td>7.74</td><td></td><td></td><td>1.69</td></tr>
<tr><td>9</td><td colspan="2">由于缺乏材料停工</td><td>10.78</td><td></td><td>12.4</td><td></td><td>5.79</td></tr>
<tr><td>10</td><td colspan="2">由于工作地点未准备好停工</td><td></td><td>3.52</td><td>5.91</td><td></td><td>2.07</td></tr>
<tr><td>11</td><td colspan="2">由于机具设备不正常停工</td><td></td><td></td><td></td><td></td><td></td></tr>
</table>

续表

施工单位名称	×××施工单位	工种				木工	
序号	测定日期	×	×	×	×	加权平均值	附注
	延续时间	9小时30分	8小时	8小时	8小时		
	施工过程名称	直形墙模板安装	基础模板安装	杯形柱基模板安装	杯形柱基模板安装		
	班组长姓名	×××	×××	×××	×××		
	班组人数	3	2	3	4		
12	非定额时间：由于产品质量返工			3.24		0.81	
13	非定额时间：偶然停工（包括停水、停电、暴风雨）	7.96	5.28		1.6	3.4	
14	非定额时间：违反劳动纪律	6.25		7.72	0.96	3.81	
15	非定额时间：其他损失时间						
16	非定额时间：合计	26.59	16.54	29.27	2.56	17.57	
17	时间消耗总计	100	100	100	100	100	
	完成定额百分比：实际 包括损失	75.36%	112%	84%	123%	99.67%	计算方法见“工作日写实结果表”注
	完成定额百分比：可能 不包括损失	102.6%	129%	118%	126%	118.75%	

制表者：

3.3 科学计算法

科学计算法主要应用于材料消耗定额的制定。

3.3.1 工程材料分类及耗用量计算原理

合理确定材料消耗定额，必须研究和区分材料在施工过程中的类别。

1．根据材料消耗的性质划分

施工中材料的消耗可分为必需的材料消耗和损失的材料消耗两类。

必需的材料消耗，是指在合理用料的条件下，生产合格建筑产品所需消耗的材料。它包括直接用于建筑和安装工程的材料、不可避免的施工废料、不可避免的材料损耗。

损失的材料消耗属于施工正常消耗，是确定材料消耗定额的基本数据。其中，直接用于建筑和安装工程的材料，编制材料净用量定额；不可避免的施工废料和材料损耗，编制材料损耗定额。

2．根据材料消耗与工程实体的关系划分

施工中的材料可分为直接性材料和周转性材料两类。

直接性材料是指直接构成工程实体的材料。它包括主要材料和辅助材料。主要材料用量大，辅助材料用量少。

周转性材料是指在施工中必须使用但又不能构成工程实体的施工措施性材料。周转性材料主要是指模板、脚手架等。

工程材料的耗用量计算遵循如下规律：

按照材料与工程实体的关系，对于必需的材料消耗，分别计算直接性材料和周转性材料的净用量及损耗量，借助一定的科学计算方法，将净用量和损耗量相加，即可获得材料消耗定额。

3.3.2　直接性材料用量计算

直接性材料用量计算方法是指运用一定的数学公式计算材料消耗量的方法。例如，地面镶贴地砖分项工程，地面面积由地砖和灰缝共同占据。若无灰缝，用地面面积除以一块地砖的面积即可获得地砖用量；若有灰缝，可用地面面积除以扩大的一块地砖面积获得地砖用量。

地砖耗用量可采用如下公式计算：

$$\text{地砖耗用量}=\frac{\text{地面面积}}{(\text{地砖长}+\text{灰缝})\times(\text{地砖宽}+\text{灰缝})}\times(1+\text{损耗率}) \tag{3-6}$$

【例 3-3】某装饰工程地面净面积 1 000m^2，拟镶贴 800mm×800mm 的地砖（灰缝 2mm），计算地砖耗用量（地砖损耗率按 2%计算）。

解：

$$地砖耗用量=\frac{1000}{(0.8+0.002)\times(0.8+0.002)}\times(1+2\%)=1\ 585.81（块）$$

3.3.3 周转性材料用量计算

周转性材料消耗的确定以摊销量的形式计算。按照周转材料的不同，摊销量的计算方法分为周转摊销和平均摊销两种，对于易损耗材料（现浇构件木模板）采用周转摊销，而损耗小的材料（定型模板、钢材等）采用平均摊销。

例如，预制构件模板，由于损耗较小，故按一次使用量除以周转次数以平均摊销方法计算。计算公式为

一次使用量=材料净用量×（1+制作损耗率）

=混凝土模板的接触面积×每平方米接触面积需模量×（1+制作损耗率） （3-7）

摊销量=一次使用量÷周转次数 （3-8）

周转性材料摊销量计算将在第 5 章具体介绍。

3.4 工程定额制定的其他方法

3.4.1 比较类推法

比较类推法是选定一个已精确测定好的典型项目的定额，计算出同类型其他相邻项目定额的方法。例如，已知挖一般土地槽在不同槽深和槽宽的时间定额，根据各类土耗用工时的比例来推算挖二、三、四类土地槽的时间定额。

比较类推的计算公式为

$$t=p_i\times t_0 \tag{3-9}$$

式中 t——比较类推同类相邻定额项目的时间定额；

p_i——各同类相邻项目耗用工时的比例（以典型项目为 1）；

t_0——典型项目的时间定额。

【例 3-4】已知挖一类土地槽在 1.5m 以内槽深和不同槽宽的时间定额及各类土耗用工时的比例（见表 3-14），推算挖二、三、四类土地槽的时间定额。

解：挖三类土、上口宽度为 0.8m 以内的时间定额 t_3 为

$t_3 = p_3 \times t_0 = 2.50 \times 0.167 = 0.4175$（工日/m^3）

其余如表 3-17 所示。

表 3-17　挖地槽时间定额推算表　　单位：工日/m^3

土壤类别	耗工时比例 p_i	挖地槽（深 1.5m 以内）		
		上口宽度		
		0.8m 以内	1.5m 以内	3m 以内
一类土（典型项目）	1.00	0.167	0.144	0.133
二类土	1.43	0.238	0.205	0.192
三类土	2.50	0.417	0.357	0.338
四类土	3.75	0.629	0.538	0.500

比较类推法计算简便而准确，但选择典型定额务必恰当而合理，类推计算结果有的需要做一定调整。这种方法适用于制定规格较多的同类型产品的劳动定额。

3.4.2　统计分析法

统计分析法是将以往施工中所累积的同类型工程项目的工时耗用量加以科学地分析、统计，并考虑施工技术与组织变化的因素，经分析研究后制定定额的一种方法。

采用统计分析法需有准确的原始记录和统计工作基础。例如，编制消耗量定额时，需求出消耗量的平均先进值。但过去的统计数据中，包括某些不合理的因素。当原定额水平偏于保守时，为了使定额保持平均先进水平，需要从统计资料中求出平均先进值。平均先进值可以使用二次平均值法计算得出。

二次平均值法的计算步骤如下。

（1）从统计资料中删除特别偏高、偏低及明显不合理的数据。

（2）计算算术平均值：

$$\overline{t}=\frac{\sum_{i=1}^{n}t_i}{n} \tag{3-10}$$

式中 $\overline{t}$——算术平均值；

t_i——统计数值（$i=1,2,3,\cdots,n$）；

n——数据个数。

（3）在工时统计数组中，取小于上述算术平均值的数组，再计算其平均值，即为所求的平均先进值。

【例 3-5】 有一工时消耗统计数组：30, 40, 70, 50, 70, 70, 40, 50, 40, 50, 90。试求平均先进值。

解： 上述数组中 90 是明显偏高的数，应删去。删去 90 后，求算术平均值：

$$算术平均值=\frac{30+40+70+50+70+70+40+50+40+50}{10}=51$$

选数组中小于算术平均值 51 的数值计算平均先进值：

$$平均先进值=\frac{30+3\times40+3\times50}{7}=42.9$$

平均先进值亦可按如下方法计算：

$$平均先进值=\frac{30+3\times40+3\times50+3\times51}{10}=45.3$$

计算所得平均先进值，也就是确定定额水平的依据。

3.4.3 经验估计法

经验估计法适用于完全凭借经验，制定多品种产品的定额。实施过程中需根据分析图纸、现场观察、分解施工工艺、组织条件和操作方法来估计定额用量。

采用经验估计法时，必须挑选有丰富经验的、秉公正派的工人和技术人员参加，并且要在充分调查和征求群众意见的基础上确定。在使用中要统计实耗工时、机械台班和材料消耗量，当与所制定的定额相比差异幅度较大时，说明所估计的定额不具有合理性，要及时修订。

经验估算法的计算方法有算术平均值法和经验公式法。

1. 算术平均值法

算术平均值法的计算公式同式（3-10）。当经验估计值较多时，可以去除最大值和最小值后应用算术平均值法。

2. 经验公式法

经验公式法是在估算对象的消耗量数据中取三个数值，即先进（乐观估计）数值 a，一般（最大可能）数值 m，保守（悲观估计）数值 b，应用经验公式（3-11）计算其平均值 $\bar{t}$。

$$\bar{t}=\frac{a+4m+b}{6} \tag{3-11}$$

复习思考题

1．工程定额制定的依据是什么？

2．工程定额制定可以采用哪几种方法？概念分别是什么？

3．技术测定主要有哪几种方法？

4．整理计时观察资料的基本方法是什么？

5．举例说明工程定额制定的方法。

6．计时观察法的种类及每种方法的工作原理是什么？

7．计时观察法最主要的三种方法是（　　）。

A．测时法、写实记录法、混合法

B．写实记录法、工作日写实法、混合法

C．测时法、写实记录法、工作日写实法

D．写实记录法、选择测时法、工作日写实法

8．对于施工周转材料，能计入材料定额消耗量的是（　　）。

A．一次使用量　　B．摊销量

C．净用量　　D．回收量

9．技术测定法确定定额消耗量时，首先应（　　）。

A．对施工过程进行预研究　　B．选择施工的正常条件

C．选择观察对象　　D．确定影响工时消耗的因素

实训题

1．根据选定的现浇钢筋混凝土梁模板设计图纸可知，每 $10m^3$ 基础梁与模板的接触面积为 $66m^2$，每 $10m^2$ 接触面积需板材 $0.81m^3$，制作损耗率为 4%，周转次数为 7 次，每次补损率为 13%。

【分析与讨论】

（1）影响材料周转次数的主要因素是什么？

（2）试计算混凝土梁的模板摊销量。

2．某工程需砌筑一段毛石护坡。根据甲乙双方商定，工程单价的确定方法是，现场测定每 $10m^3$ 砌体人工工日、材料、机械台班消耗指标，并乘以当地的相应价格确定。各项测定参数如下：

砌筑 $1m^3$ 毛石砌体需工时参数为：基本工作时间为 1.26 工日；辅助工作时间为工作班延续时间的 3%，准备与结束时间为工作班延续时间的 2%，不可避免的中断时间为工作班延续时间的 2%，休息时间为工作班延续时间的 18%；多余和偶然工作时间为基本工作时间的 20%，停工时间为基本工作时间的 2%，人工幅度差系数为 10%。

【分析与讨论】

（1）试确定该毛石砌体工程的工人定额时间。

（2）试确定该毛石砌体工程的工人工作时间。

第 4 章　施工定额

学习目标

☑ 一般训练对劳动定额概念、表现形式的理解领会能力

☑ 重点训练对劳动定额制定方法的理解把握能力

☑ 重点训练对材料消耗定额编制方法的理解掌控能力

☑ 重点训练确定机械台班产量和机械时间定额相关计算的掌握能力

施工定额是指在合理的劳动组织和正常的施工条件下，完成质量合格的单位产品所需消耗人工、材料、机械的数量标准。施工定额是根据专业施工的作业对象和工艺，按照社会平均先进生产力水平制定的，反映企业的施工水平、装备水平和管理水平，是考核施工企业劳动生产率水平、管理水平的标尺，是施工企业确定工程成本和投标报价的依据，由劳动定额、材料消耗定额、机械台班使用定额组成。

4.1 劳动定额

4.1.1 劳动定额的概念和作用

劳动定额，又称人工定额，它规定了在正常施工条件下某等级的工人生产单位合格建筑产品所需的劳动时间，或者单位劳动时间生产合格建筑产品的数量。劳动定额是基础定额的主要组成部分，是表示劳动生产率的重要指标。

劳动定额管理是企业管理的一项重要基础性工作。在企业的各种技术经济定额中，劳动定额占有重要地位。正确地制定和贯彻劳动定额，对于组织和推动企业生产的发展，具有多方面的重要作用。

（1）劳动定额是企业编制计划的基础，是科学组织生产的依据。企业计划的许多指标，都同劳动定额有着密切的联系。例如，制定生产计划时，必须应用工时定额，以便把生产任务与各工种劳动力加以平衡；在制定劳动计划时，要首先确定各类人员的定员、定额；在生产作业计划中，劳动定额是安排工人、班组生产进度，组织各生产环节之间的衔接平衡，制定“期”、“量”标准的极为重要的依据；在生产调度和检查计划执行情况过程中，同样离不开劳动定额。

（2）劳动定额是挖掘生产潜力，提高劳动生产率的重要手段。劳动定额是在总结先进技术操作经验基础上制定的，同时，它又是大多数工人经过努力可以达到的。因此，通过劳动定额，既便于推广生产经验，促进技术革新和巩固革新成果，又利于把一般的和后进的工人团结在先进工人的周围，相互帮助，提高技能水平。

（3）劳动定额是企业经济核算的主要基础资料。经济核算是企业管理中的一项重要的工作，它是实现勤俭办企业和加强企业经营管理的重要手段。每个企业都要对各项技术经济指标，严格地实行预算。定额是制定计划成本的依据，是控制成本的标准。没有先进合理的劳动定额，就无从核算和比较。所以，劳动定额是企业实行经济核算，降低成本，增强积累的主要依据之一。

（4）劳动定额是衡量职工贡献大小，合理进行分配的重要依据。企业必须把职工的劳动态度、技术变化、贡献大小作为评定工资和奖励的依据，做到多劳多得、少劳少得、不劳不得。劳动定额是计算工人劳动量的标准。无论实行计时奖励或计件工资制度，劳动定额都是考核工人技术高低、贡献大小、评定劳动态度的重要标准之一。没有劳动定额，就难以衡量劳动力业绩，合理地进行分配。

4.1.2 劳动定额的内容和表现形式

1. 劳动定额的内容

汇编成册的劳动定额，内容主要有三个部分。

（1）文字说明部分。它又分为总说明、分册说明和分节说明三种。

总说明的基本内容包括：

1）定额册中所包括的工种。

2）定额的编制依据。

3）劳动定额的编制原则。

4）劳动消耗的计算方法（如产量定额与时间定额的计算方法及其相互关系）。

5）其他。

分册说明的基本内容是：

1）分册包括的定额项目和工作内容。

2）施工方法。

3）有关规定和计算方法的说明（如土方工程土壤类别的规定、运土超运距增加人工的计算方法等）。

4）质量要求。

分节说明是指分节定额的表头文字说明，其内容主要有：

1）工作内容。

2）质量要求。

3）施工说明。

4）小组成员。

（2）分节定额部分。它包括定额表的文字说明、定额表和附注。

定额表是分节定额中的核心部分，也是定额册中的核心部分。劳动定额表中同时以产量定额和时间定额表示，并往往列有小组成员，以便下达任务书时参考。

附注列于定额表的下面，主要是根据施工条件变更的情况，规定劳动和材料消耗的增减变化。附注是对定额表的补充。在某些情况下，附注也限制定额使用范围。

（3）附录部分。附录一般列于分册的最后，作为使用定额的参考。其主要内容有：

1）有关的名词解释。

2）先进经验及先进工具的介绍。

以上三部分内容虽以定额表部分为核心，但在使用时必须同时了解其他两部分内容，才能保证正确套用定额。

2. 劳动定额的表现形式

根据表现形式的不同，劳动定额可分为时间定额和产量定额。

（1）时间定额。在合理的劳动组织和正常的施工条件下，某专业某技术等级的工人小组或个人，为完成单位合格建筑产品必须消耗的工作时间，称为时间定额。时间定额以工日为单位，1个工人工作8小时计为1个工日。

$$\text{时间定额}=\frac{1}{\text{每工日产量}} \tag{4-1}$$

工人小组配合机械作业时，小组时间定额的计算方法如下：

$$\text{人工时间定额}=\frac{\text{小组成员人数}}{\text{台班产量}} \tag{4-2}$$

（2）产量定额。在合理的劳动组织和正常的施工条件下，某专业某技术等级的工人小组或个人在单位时间（工日）内，完成的合格建筑产品数量，称为产量定额。产量定额以产品的计量单位作为计量单位，如 m^2、m^3、吨等，与时间定额互为倒数，即

$$\text{产量定额}=\frac{1}{\text{时间定额}} \tag{4-3}$$

工人小组配合机械作业时，机械台班产量的计算方法如下：

$$\text{机械台班产量}=\frac{\text{小组成员人数}}{\text{人工时间定额}} \tag{4-4}$$

【例4-1】某机械的机械台班产量为4.76，单位为 $100m^3$/台班，小组成员2人，试计算每 $100m^3$ 机械时间定额和人工时间定额。

解：

$$机械时间定额=\frac{1}{台班产量}=\frac{1}{4.76}=0.21（台班）$$

$$人工时间定额=\frac{小组成员人数}{台班产量}=\frac{2}{4.76}=0.42（工日）$$

产量定额的数量表达直观、具体，容易为工人所接受，适用于向工人班组下达生产任务时使用。

4.1.3　劳动定额的制定原则

1. 反映平均先进社会生产力水平的原则

劳动定额的水平，就是定额所规定的劳动消耗量的标准。一定历史条件下的定额水平，是社会生产力水平的反映，同时又能推动社会生产力的发展。所以，定额的水平不能简单地采用先进企业或先进个人的水平，更不能采用后进企业的水平，而应采用平均先进水平，这一水平低于先进企业或先进个人的水平，又略高于平均水平，多数工人或多数企业经过努力可以达到或超过，少数工人可以接近的水平。

确定这一水平，要全面调查研究、分析比较、测算并反复平衡，既要反映已经成熟并得到推广的先进技术和经验，同时又必须从实际出发、实事求是，既不挫伤工人的积极性又起到促进生产的作用，使定额水平确实合理可行。

2. 简明适用原则

简明适用，是指定额项目齐全，粗细适度，步距大小适当，文字通俗易懂，计算方法简便，易于掌握，便于利用。

项目齐全，是指在施工中常用项目和已成熟或已普遍推广的新工艺、新技术、新材料都应编入定额中去，以扩大定额的适用范围。

定额项目的划分，应根据定额的用途，确定项目的粗细程度。但应做到粗而不漏、细而不繁，以工序为基础适当进行结合。对主要工种、项目和常用项目要细一些，定额步距小一些；对次要工种或不常用的项目可粗一些，定额步距大一些。

所谓定额步距，是指一组同类定额，相互之间的间隔。如砌筑砖墙的一组定额，其步距可以按砖墙厚度分为1/4砖墙、1/2砖墙、3/4砖墙、1砖墙、1砖半墙、2砖墙等。这样，步距就保持在1/4 ~ 1/2砖墙厚。但也可以将步距适当扩大，保持在1/2 ~ 1砖墙厚。显然，步距小定额细，精确度高；步距大定额粗，综合程度大，精确度低。

另外，要注意名词术语应为全国通用，计量单位选择应符合通用原则等。

3. 专业与群众结合，以专业人员为主编制的原则

编制施工定额，要以专家为主，这是实践经验的总结。

施工定额的编制工作量大，工作周期长。这项工作又具有很强的技术性和政策性。这就要求有一支经验丰富、技术与管理知识全面、有一定政策水平的稳定的专家队伍，负责组织协调、掌握政策、制定编制定额工作方案、系统地积累和分析整理定额资料、调查现行定额的执行情况、技术测定、新编定额的试点和征求各方面意见等工作。

贯彻这项原则，第一，必须保持队伍的稳定性。有了稳定的队伍，才能积累资料、积累经验，保证编制施工定额的延续性。第二，必须注意培训专业人才。使他们既有施工技术、施工管理知识和实践经验，具有编制定额的工作能力，又懂得国家技术经济政策和联系工人群众的工作作风。

4.1.4 劳动定额的制定方法

1. 分析基础资料，拟定编制方案

（1）分析确定影响工时消耗的因素。施工过程中各个工序工时的消耗数值，即使在同一工地、同一工作内容条件下，也常常会由于施工组织、劳动组织、施工方法和工人劳动态度、思想、技术水平的不同有很大的差别。对单位建筑产品工时消耗产生影响的各种因素，称为施工过程的影响因素。

根据施工过程影响因素的产生和特点，施工过程的影响因素可以分为技术因素和组织因素两类：

1）技术因素。包括完成产品的类别；材料、构配件的种类和型号等级；机械和机具的种类、型号和尺寸，产品质量等。

2）组织因素。包括操作方法和施工的管理与组织；工作地点的组织；人员组成和分工；工资与奖励制度；原材料和构配件的质量及供应的组织；气候条件等。

根据施工过程影响因素对工时消耗数值的影响程度和性质，可分为系统性因素和偶然性因素两类。

1）系统性因素，是指对工时消耗数值引起单一方面的（只是降低或只是增高）、重大影响的因素，如挖土过程中土壤性质的改变、混凝土施工过程中构件或构筑物类型的改变等。这类因素在定额的测定中应该加以控制。

2）偶然性因素，是指对工时消耗数值可能引起双向的（可能降低，也可能增高）微小影响的因素，如挖土过程中一定深度范围内挖土深度的改变。

因此，测定一种定额，必须考虑它的正常条件。这个正常条件也就是定额内规定生产过程的特性。

（2）计时观察资料的整理。对每次计时观察的资料进行整理之后，要对整个施工过程的观察资料进行系统的分析研究和整理。

整理观察资料的方法大多是采用平均修正法。当测量时数列不受或很少受产品数量影响时，采用算术平均值可以保证剔除或修正偏高或偏低的可疑数值。但是，如果测量时数列受到产品数量的影响，采用加权平均值则可以在计算单位产品工时消耗时，考虑到每次观察中产品数量变化的影响。

（3）拟定定额的编制方案。编制方案的内容包括：

1）提出对拟编定额的定额水平总的设想；

2）拟定定额分章、分节、分项的目录；

3）选择产品和人工、材料、机械的计量单位；

4）设计定额表格的形式和内容。

2. 拟定正常的施工条件

拟定正常的施工条件是指在确定定额水平时，将技术测定提供的资料和选定的正常条件，在定额内容中明确的工作。

拟定正常的施工条件包括：

（1）拟定工作组成。拟定工作组成就是将工作过程按照劳动分工的可能划分为若干工序，以达到合理使用技术工人的目的。可以采用两种基本方法。一种是把工作过程中简单的工序，划分给技术熟练程度较低的工人去完成；另一种是分出若干个技术程度较低的工人，去帮助技术程度较高的工人工作。采用后一种方法就把个人完成的工作过程，变成小组完成的工作过程。

（2）拟定施工人员编制。拟定施工人员编制即确定小组人数、技术工人的配备，以及劳动的分工和协作，确定小组工人加权平均技术等级。拟定原则是使每个工人都能充分发挥作用，均衡地担负工作。

【例4-2】根据技术测定资料，对清水砖墙施工过程的劳动组织拟定出如下三个方案：方案一，由五级工1人，四级工1人，三级工3人，共5人组成；方案二，由三级、四级、五级工各1人组成；方案三，由三级工和五级工各1人组成。试分析确定上述方案较优者并计算工人小组加权平均技术等级。

解：方案一中各工人能发挥自己的技术专长，四级工和个别三级工可以参与技术等级较高的工作，从而得到提高技术等级的机会。方案二中各工人分工明确，但五级工和四级工需要做一部分低于自己技术等级的工作。方案三中五级工有大半时间需要完成四级工和三级工的工作，故三级工的技术水平也无从提高。

综合上述分析，方案一相比其他两方案更为理想，可以作为拟定劳动定额的合理劳动组织考虑，方案二次之，方案三不应采用。方案一的小组加权平均技术等级计算方法如下：

$$\text{小组加权平均技术等级}=\frac{1\times5+1\times4+3\times3}{5}=3.6\text{（级）}$$

该等级又称为工作对象技术等级。

此外，拟定合理的劳动组织还应合理配备技工、普工比例，尽量发挥技工的作用，以免出现普工人数不足，由技工完成普工工作的现象，提高小组工作效率。

（3）拟定工作地点的合理组织。工作地点是指工人进行施工生产活动的场所。工作地点组织混乱，不科学，往往是造成劳动率不高，甚至窝工的重要原因。拟定工作地点的合理组织，要保持工作地点整洁且秩序井然，要特别注意使工人在操作时不受干扰和妨碍，所使用的工具和材料应按使用顺序放置于工人最方便取用的地方，不用的工具和材料不应堆放在工作地点，以便提高工作效率。

3. 确定劳动定额消耗量的方法

时间定额和产量定额是劳动定额的两种表现形式。拟定出时间定额，也就可以计算出产量定额。

劳动时间定额是在拟定基本工作时间、辅助工作时间、准备与结束的工作时间、不可避免的中断时间以及休息时间的基础上制定的。

（1）确定基本工作时间。基本工作时间在必需消耗的工作时间中占的比重最大。在确定基本工作时间时，必须细致、精确。基本工作时间消耗一般应根据计时观察资料来确定。其做法是，首先确定工作过程每一组成部分的工时消耗，然后再综合出工作过程的工时消耗。如果组成部分的产品计量单位和工作过程的产品计量单位不符，就需先求出不同计量单位的换算系数，进行产品计量单位的换算，然后再相加，求得工作过程的工时消耗。基本工作时间的确定分为如下两种情况。

1）各组成部分与最终产品单位一致。如果单位产品施工过程的各个组成部分与最终产品计量单位相同，则单位产品基本工作时间就是施工过程各个组成部分基本工作时间的总和。计算式为

$$T_1 = \sum_{i=1}^{n} t_i \tag{4-5}$$

式中　T_1——单位产品作业时间；

t_i——各组成部分基本工作时间；

n——各组成部分的个数。

2）各组成部分单位与最终产品单位不一致。该情况下，各组成部分基本工作时间应分别乘以相应的换算系数，之后再进行汇总。计算式为

$$T_1 = \sum_{i=1}^{n} t_i \cdot K_i \tag{4-6}$$

式中　K_i——第 i 组成部分的换算系数，其他各项同式（4-5）。

（2）确定辅助工作时间和准备与结束的工作时间。辅助工作和准备与结束工作时间的确定方法与基本工作时间相同。但是，如果这两项工作时间在整个工作班工作时间消耗中所占比重不超过 5%～6%，则可归纳为一项，以工作过程的计量单位表示，确定出工作过程的工时消耗。

如果在计时观察时不能取得足够的资料，也可采用工时规范或经验数据来确定。如具有现行的工时规范，可以直接利用工时规范中规定的辅助和准备与结束工作时间的百分比来计算。

（3）确定不可避免的中断时间。在确定不可避免中断时间的定额时，必须注意由工艺特点所引起的不可避免中断才可列入工作过程的时间定额。

不可避免的中断时间也需要根据测时资料通过整理分析获得，也可以根据经验数据或工时规范，以占工作日的百分比表示此项工时消耗的时间定额。

（4）确定休息时间。休息时间应根据工作班作息制度、经验资料、计时观察资料，以及对工作的疲劳程度做全面分析来确定。同时，应考虑尽可能利用不可避免的中断时间作为休息时间。

（5）确定定额时间。确定的基本工作时间、辅助工作时间、准备与结束工作时间、不可避免的中断时间和休息时间之和，就是劳动时间定额，根据时间定额可计算产量定额。

【例 4-3】一框架层高 4m，框架梁截面尺寸 400×600，框架柱截面尺寸 450×450，柱距 6.6m，用空心砌块墙填充。

砌筑 $1m^2$ 空心砌块墙消耗的基本工作时间 40min，辅助工作时间、准备时间、不可避免中断时间和休息时间分别占工作总延续时间的 7%，5%，2%和 3%。

试确定砌筑空心砌块墙的劳动定额并计算砌筑一跨空心砌块墙所需工日数。

解：（1）砌筑空心砌块墙的劳动定额。

时间定额=40/（1–7%–5%–2%–3%）/60/8=0.1（工日）

产量定额=1/0.1=10（m^2）

（2）砌筑一跨空心砌块墙所需工日数。

一跨墙的工程量=（6.6–0.45）×（4–0.6）=20.91（m^2）

砌筑一面墙的工日数=20.91×0.1=2.091（工日）

4.2 材料消耗定额的编制

建筑材料在建筑施工中用量很大。合理地编制材料消耗定额，不仅能促使企业降低材料消耗，降低施工成本，而且有利于合理利用有限资源。

建筑安装材料是指一定品种规格的原材料、成品、半成品、构配件以及水、电、燃料、动力等资源的总和。施工中材料的消耗，按照材料在施工过程中消耗的性质不同，可分为材料净用量和材料损耗量两类。

材料净用量，是指在合理使用材料的条件下，生产合格建筑产品所需直接消耗于建筑和安装工程的材料。材料损耗量，是指在合理使用材料的条件下，生产合格建筑产品，不可避免的施工废料和合理的材料损耗，包括场内运输损耗、加工制作损耗和施工操作损耗等。

材料消耗定额的净用量与消耗量之间关系如下：

$$材料消耗量=净用量+损耗量 \tag{4-7}$$

$$损耗率=\frac{损耗量}{材料消耗量}\times 100\% \tag{4-8}$$

$$材料消耗量=\frac{净用量}{1-损耗率} \tag{4-9}$$

4.2.1　直接性材料消耗定额的编制方法

直接性材料是指消耗在工程实体上的材料。确定直接性材料净用量定额和损耗量定额的计算数据，是通过实验室试验、现场技术测定、现场统计和理论计算等方法获得的。

1. 实验室试验法

实验室试验法主要用于编制材料净用量定额。通过试验，能够对材料的结构、化学成分和物理性能以及按强度等级控制的混凝土、砂浆配比做出科学的结论，为编制材料消耗定额提供有技术依据的、比较精确的计算数据。用于施工生产时，须加以必要的调整方可作为定额数据。

2. 现场技术测定法

现场技术测定法也称观察法，主要用于编制材料损耗定额。也可以提供编制材料净用量定额的参考数据。其优点是能通过现场观察、测定，取得产品产量和材料消耗的情况，为编制材料定额提供技术依据。

现场技术测定法编制材料消耗定额的步骤，首先是选择观察对象。观察对象的选取应遵循如下原则：

（1）选择典型建筑结构的工程。

（2）材料质量、施工技术等符合设计要求和施工质量验收规范要求。

（3）测定工人对象在节约材料、保证产品质量方面有较好的成绩。

其次是做好观察前的准备工作，包括准备好标准运输工具、称量设备，制定减少材料损耗的必要措施等。

观察中要区别哪些是可以避免的损耗，哪些是不可避免的损耗。对于可以避免的损耗，不应计入材料消耗定额中。

现场技术测定法确定材料损耗率的方法为

$$P=\frac{N-N_0}{N}\times 100\% \tag{4-10}$$

式中 P——材料损耗率；

N——现场测定所得的材料消耗量；

N_0——图纸计算所得的材料净用量。

3. 现场统计法

现场统计法是指通过对现场进料、用料的大量统计资料进行分析计算，获得材料消耗数据的技术测定方法。这种方法由于不能分清材料消耗的性质，而且准确程度受统计资料影响，因而只能用来确定材料消耗量定额，不能作为确定材料净用量定额和材料损耗量定额的依据。

现场统计法的基本原理是

$$m=\frac{N_0-\Delta N_0}{n} \tag{4-11}$$

式中 m——单位产品的材料消耗量；

N_0——某分项工程施工时领料数量；

ΔN_0——该分项工程完成后退回材料的数量；

n——该分项工程的工程量。

上述三种方法的选择必须符合国家有关标准规范，即材料的产品标准，计量要使用标准容器和称量设备，质量符合施工验收规范要求，以保证获得可靠的定额编制依据。

4．理论计算法

理论计算法是指运用一定的数学公式计算材料消耗定额的方法。理论计算法主要用于确定块材、板材的消耗量定额，如砖、钢材、玻璃、油毡等。

（1）砖墙。以砌砖墙分项工程为例，计算 1m^3 砖墙普通黏土砖（长 240mm×宽 115mm×厚 53mm）和砂浆耗用量。

1）计算普通黏土砖净用量：

$$净用量（块）=\frac{K}{(砖长+灰缝)\times(砖厚+灰缝)\times墙厚} \tag{4-12}$$

式中　K——墙厚砖数×2，例如 1 砖墙墙厚砖数为 1，$1\frac{1}{2}$ 砖墙墙厚砖数为 $1\frac{1}{2}$，依次类推。

其中，普通黏土砖尺寸为 0.24m×0.115m×0.053m，灰缝厚度为 10mm。

2）计算普通黏土砖消耗量：

$$消耗量（块）=\frac{砖净用量}{1-砖损耗率} \tag{4-13}$$

3）计算砂浆净用量：

$$净用量（m^3）=1-砖净用量\times0.24\times0.115\times0.053 \tag{4-14}$$

4）计算砂浆消耗量：

$$净用量（m^3）=\frac{砂浆净用量}{1-砂浆损耗率} \tag{4-15}$$

【例 4-4】砌普通黏土砖墙分项工程中，砖损耗率为 1.5%，砂浆损耗率为 7%，计算 1m^3 一砖半厚砖墙（此时墙厚为 365mm）砖和砂浆消耗量。

解：

砖净用量$=\frac{1}{(0.24+0.01)\times(0.053+0.01)\times0.365}\times1.5\times2=521.9\approx522$（块）

砖消耗量$=\frac{522}{1-1.5\%}=529.9\approx530$（块）

砂浆净用量=1−522×0.24×0.115×0.053=0.237（m^3）

砂浆消耗量$=\frac{0.237}{1-7\%}=0.254$（m^3）

（2）砖基础。砖基础由墙基和放脚两部分组成（如图 4-1 所示），取 1m 作为单位长度。计算 $1m^3$ 砖基础砖材净用量的公式为

$$1m^3\text{砖基础砖净用量（块）}=\frac{1m\text{长度墙基砖的块数}+1m\text{长度放脚砖的块数}}{1m\text{长度砖基础体积}}$$

$$=\frac{\text{每层墙基砖块数}\times\text{墙基层数}+\sum(\text{每层放脚砖块数}\times\text{层数})}{\text{砖基础体积}}$$

$$=\frac{\text{每层墙基砖块数}\times(\text{墙基高度}\div 0.063)+\sum(\text{每层放脚砖块数}\times\dfrac{\text{层厚}}{0.063})}{\text{砖基础体积}} \tag{4-16}$$

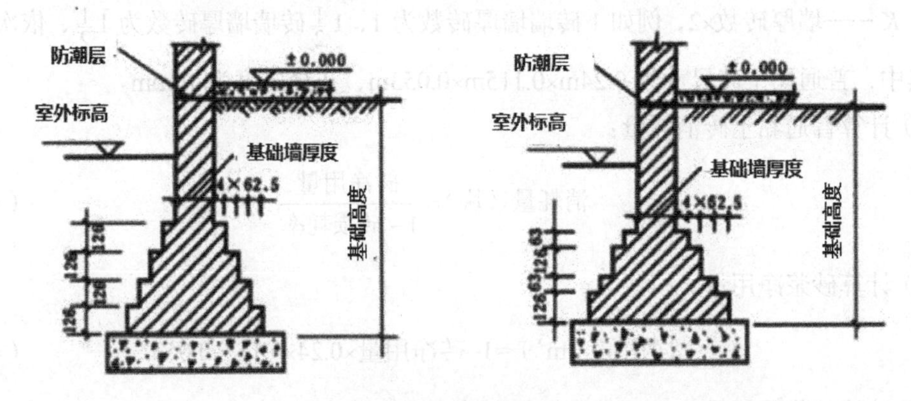

图 4-1　砖基础断面

$$\text{砂浆净用量（}m^3\text{）}=1-\text{砖净用量}\times 0.24\times 0.115\times 0.053 \tag{4-17}$$

上式中 1m 长度每层墙基砖块数和放脚砖块数的选取如表 4-1 所示。

表 4-1　1m 长度每层砖块数

墙厚（mm）	115	240	365	490	615	740
砖数（砖）	0.5	1	1.5	2	2.5	3
每层砖块数（块）	4	8	12	16	20	24

例如，1m 长一砖厚砖墙（墙基、放脚）每层砖块数$=\dfrac{1}{0.115+0.01}$=8（块），1m 长一砖半厚砖墙（墙基、放脚）每层砖块数$=\dfrac{1}{(0.115+0.01)\times\dfrac{2}{3}}$=12（块）。

【例 4-5】计算 $1m^3$ 一砖厚砖基础和一砖半厚砖基础普通黏土砖和砂浆净用量。

解：

$$1m^3\text{一砖厚砖基础砖净用量}=\frac{8\times(0.8\div0.063)+12\times\frac{0.126}{0.063}+16\times\frac{0.126}{0.063}}{0.24\times0.8+0.365\times0.126+0.49\times0.126}=525.86\approx526\text{（块）}$$

砂浆净用量=1−526×0.24×0.115×0.053=0.231（m^3）

（注：0.8 为基础放脚扩大顶面至±0.00 的距离。）

$1m^3$ 一砖半厚砖基础砖净用量

$$=\frac{12\times(0.66\div0.063)+16\times\frac{0.126}{0.063}+20\times\frac{0.126}{0.063}+24\times\frac{0.126}{0.063}}{0.365\times0.66+0.49\times0.126+0.615\times0.126+0.74\times0.126}=519.01\approx519\text{（块）}$$

砂浆净用量=1−519×0.24×0.115×0.053=0.241（m^3）

（注：0.66 为基础放脚扩大顶面至±0.00 的距离。）

（3）防水卷材。防水卷材净用量的计算方法为

$$100m^2\text{卷材净用量}=\frac{100}{(\text{卷材宽}-\text{长边搭接})\times(\text{卷材长}-\text{短边搭接})}\times\text{每卷卷材面积} \quad (4\text{-}18)$$

各种卷材搭接宽度选取如表 4-2 所示。

表 4-2　卷材搭接宽度

搭接方向		短边搭接宽度（mm）		长边搭接宽度（mm）	
铺贴方法 / 卷材种类		满粘法	空铺法 点粘法 条粘法	满粘法	空铺法 点粘法 条粘法
沥青防水卷材		100	150	70	100
高聚物改性沥青防水卷材		80	100	80	100
合成高分子防水卷材	粘接法	80	100	80	100
	焊接法	50			

【例 4-6】沥青防水卷材宽 1m，长 20m，长边搭接 100mm，短边搭接 100mm，损耗率 1.5%。求每 $100m^2$ 面积上防水卷材消耗量。

解：

$$防水卷材净用量=\frac{100}{(1-0.1)\times(20-0.1)}\times1\times20=111.67（m^2）$$

$$防水卷材消耗量=\frac{111.67}{1-1.5\%}=113.37（m^2）$$

4.2.2 周转性材料消耗定额的编制方法

周转性材料是指在施工中随着多次使用而逐渐消耗的材料，并在使用过程中不断补充损耗，直至达到周转次数，收回残值。施工中的模板、脚手架、挡土板、临时支撑都属于周转性材料。周转性材料的消耗量应按照多次使用、分次摊销的方法进行计算。周转性材料摊销到单位产品上的消耗量称为摊销量。

影响摊销量的指标有周转次数、一次使用量、周转使用量、回收量和补损率，其含义是：

周转次数是指周转材料重复使用的次数。

一次使用量是指周转材料使用一次的投入量。

周转使用量是指在全部周转次数内，均摊到每次使用中的全部投入量，即每周转一次的平均使用量。

回收量是指总回收量均摊到每次周转次数上的平均回收量。

补损率是指周转材料第二次及以后各次周转中，为了补充上次使用产生的不可避免的损耗量的比率，一般以平均补损率指标表示，其比率数值与材料损耗率相当。常用材料损耗率可参考表4-3选取。

表4-3　常用材料损耗率

材料名称	损耗率	
	工程项目	%
（一）砖瓦类、砂石类、红青砖	1. 地面、屋面、空花空斗墙	1
	2. 基础	0.4
	3. 实心砖墙	1
	4. 方砖柱	3
	5. 圆砖柱	7
硅酸盐砌块		2
加气混凝土块		2

续表

材料名称	损耗率	
	工程项目	%
（二）块类、粉类		
炉渣、矿渣		1.5
碎砖		1.5
水泥		1
（三）砂浆、混凝土、胶泥类、毛石、方石类	1. 砖砌体	1
	2. 空斗墙	5
	3. 黏土空心砖墙	10
	4. 泡沫混凝土墙	2
	5. 毛石、方石砌体	1
石灰、砂浆	抹墙及墙裙	1
水泥、石灰、砂	抹墙及墙裙	2
水泥、砂浆	抹墙及墙裙	2
混凝土	现浇地面	1
（四）金属材料		
钢筋		13
（五）竹木类		
毛竹		5
木材	封檐板	1.5
模板制作	各种钢筋混凝土结构	5

1. 模板摊销量

现浇混凝土构件模板摊销量计算过程如下。

（1）1m^{3}混凝土构件模板一次使用量：

$$1\text{m}^3\text{混凝土构件模板一次使用量}=\frac{1\text{m}^3\text{混凝土接触面积}\times 1\text{m}^2\text{接触面积模板净用量}}{1-\text{制作损耗率}} \quad (4\text{-}19)$$

（2）周转使用量：

$$周转使用量=一次使用量\times\frac{1+(周转次数-1)\times补损率}{周转次数} \tag{4-20}$$

（3）回收量：

$$回收量=一次使用量\times\frac{1-补损率}{周转次数}\times折旧率 \tag{4-21}$$

（4）摊销量：

$$\begin{aligned}摊销量&=周转使用量-回收量\\&=一次使用量\times\left[\frac{1+(周转次数-1)\times补损率-(1-补损率)\times折旧率}{周转次数}\right]\end{aligned} \tag{4-22}$$

式中 $\frac{1+(周转次数-1)\times补损率-(1-补损率)\times折旧率}{周转次数}$ 又称为摊销系数。

模板周转次数、补损率如表4-4所示，操作损耗率视施工具体情况选取，一般取2%～5%。

表4-4 模板周转次数、补损率

材料名称	工程项目	周转次数（次）	补损率（%）
（一）组合钢模、复合模板材料			
模板板材		50	1
零星卡具		20	2
钢支撑系统		120	1
木模		5	5
木支撑		10	5
铁钉		1	2
木楔		2	5
尼龙帽		1	5
草板纸		1	—

续表

材料名称	工程项目	周转次数（次）	补损率（%）
（二）木模板材料	圆柱	3	15
	异形梁	5	15
	整体楼梯、阳台、栏板	4	15
	小型构件	3	15
	支撑、垫板、拉板	15	10
	木楔	2	—

【例 4-7】根据施工图计算出每 10m^3 现浇钢筋矩形梁的模板接触面积为 96.06m^2，每 10m^2 接触面积需枋材、板材 1.64m^3，制作损耗率为 5%，周转次数为 5 次，补损率为 15%，模板折旧率为 50%。计算每 10m^3 矩形梁模板摊销量。

解：

枋材、板材一次使用量$=\dfrac{0.164\times 96.06}{1-5\%}=16.58$（m^3）

周转使用量$=16.58\times\dfrac{1+(5-1)\times 15\%}{5}=5.31$（m^3）

回收量$=16.58\times\dfrac{1-15\%}{5}=2.82$（m^3）

推销量$=5.31-2.82\times 50\%=3.90$（m^3）

经计算，每 10m^3 现浇钢筋混凝土矩形梁枋材、板材摊销量为 3.90m^3。

预制混凝土构件模板摊销量计算时，由于不考虑损耗率，可以按多次使用、平均分摊的办法计算。公式为

$$\text{摊销量}=\frac{\text{一次使用量}}{\text{周转次数}} \tag{4-23}$$

【例 4-8】根据施工图计算出每 10m^3 预制钢筋混凝土过梁的模板接触面积为 124.5m^2，每 10m^2 模板需枋材、板材 1.26m^3，制作损耗率为 5%，周转次数为 30 次。计算每 10m^3 预制过梁模板摊销量。

解：

枋材、板材模板一次使用量=$\frac{0.126\times124.5}{1-5\%}$=16.51（$m^3$）

模板摊销量=$\frac{16.51}{30}$=0.55（m^3）

经计算，每$10m^3$预制钢筋混凝土过梁枋材、板材摊销量为$0.55m^3$。

2．脚手架摊销量

脚手架摊销量可按下式计算：

$$摊销量=\frac{单位一次使用量\times(1-残值率)}{耐用期限\div一次使用期} \tag{4-24}$$

式中，单位一次使用量是指脚手架一次搭设材料用量。

（1）单位一次使用量。

1）扣件式钢管脚手架。单立杆扣件式钢管脚手架，不同步距、杆距每$1m^2$钢管参考用量如表4-5所示。

表4-5 不同步距、杆距钢管脚手架钢管、扣件用量参考值

步距 h（m）	类别	不同立杆纵距（m）的脚手架钢管用量（kg/m^2）					扣件（个/m^2）
		1.2	1.4	1.6	1.8	2.0	
1.2	单排	14.40	13.37	12.64	12.01	11.51	2.09
	双排	20.80	18.74	17.28	16.02	15.02	4.17
1.4	单排	12.31	11.38	10.64	10.11	9.65	1.79
	双排	18.74	16.87	15.39	14.34	13.41	3.57
1.6	单排	10.85	10.00	9.34	8.83	8.37	1.57
	双排	17.20	15.49	14.18	13.16	12.24	3.13
1.8	单排	9.78	8.93	8.35	7.84	7.44	1.25
	双排	16.00	14.30	13.14	12.12	11.31	2.50

注：以上用量包括立杆、大横杆和小横杆，剪刀撑、斜拉杆和栏杆等另计。

扣件式钢管脚手架材料综合用量如表4-6所示。

表 4-6　扣件式钢管脚手架材料综合用量参考值

名　称	单位	墙高 20m			墙高 10m		
		扣件式单排	扣件式双排	组合式	扣件式单排	扣件式双排	组合式
（一）钢管							
立杆	m	573	1 093	672	573	1 093	704
大横杆	m	877	1 684	372	877	1 684	413
小横杆	m	752	651	1 074	886	733	1 143
剪刀撑、斜杆	m	200	200	322	160	160	386
小计	m	2 402	3 628	2 440	2 496	3 670	2 646
钢管质量	t	9.22	13 093	9.36	9.59	14.09	10.16
（二）扣件							
直角扣件	个	879	1 555	1 000	933	1 593	1 072
对接扣件	个	214	412	96	185	350	64
回转扣件	个	50	50	140	40	40	168
底座	个	29	55	32	57	109	64
小计	个	1 172	2 072	1 268	1 215	2 092	1 368
扣件质量	t	1.52	2.70	1.58	1.56	2.69	1.69
（三）桁架							
桁架质量	t			1.12			2.24
钢材用量	t	10.74	16.63	12.06	11.14	16.78	14.09

注：大横杆包括栏杆及支撑架连系杆。

2）承插式钢管脚手架。承插式钢管脚手架材料综合用量如表 4-7 所示。

表 4-7　承插式钢管脚手架材料综合用量参考值

名　称	单位	甲　型			乙　型		
		每件质量（kg）	件数	总质量（kg）	每件质量（kg）	件数	总质量（kg）
立杆 3.75m	根	16.67	174	2 900	15.77	174	2 744
立杆 5.55m	根	24.41	116	2 832	23.06	116	2 675

续表

名称	单位	甲型			乙型		
		每件质量（kg）	件数	总质量（kg）	每件质量（kg）	件数	总质量（kg）
大横杆	根	7.3	616	4 497	8.88	672	5 967
小横杆	根	5.18	347	1 797	7.27	319	2 319
栏杆	根	7.3	28	204	8.88	28	249
斜撑	根	24.41	60	1 465	23.06	60	1 384
三脚架	个	3.24	29	94			
底座	个	1.99	58	115	1.99	58	115
合计				13 904			15 453
其中：							
ϕ48×3.5 钢管				11 983			13 508
ϕ25×3.5 钢管				718			325
ϕ60×3.5 钢管				424			424

注：① 1 000m² 墙面，高 20m 脚手架按 11 步 28 跨计算。

② 立杆质量包括连接套管和承插管。

③ 斜撑用 5.55m 立杆或其他长钢管搭设。

3）钢脚手板。钢脚手板规格一般为 4.0m×（0.2～0.25m），不同架宽及杆距，每 100m 长作业面钢脚手板用量如表 4-8 所示。

表 4-8 每 100m 长作业面钢脚手板用量参考值　　单位：块/100m

立杆横距（m）	脚手架宽度（m）		
	1.2	1.4	1.6
0.8	84	87	93
1.0	112	116	124
1.2	112	116	124
1.4	140	145	155
1.6	168	174	186

（2）耐用期限、一次使用期和残值率。耐用期限和残值率可参考表4-9选取。

表4-9　耐用期限和残值率参考值

材料名称	耐用期限（月）	残值率（%）	备　注
钢管	180	10	
扣件	120	5	
脚手杆（杉木）	42	10	
木脚手板	42	10	
竹脚手板	24	5	并立式螺栓加固
毛竹	24	5	
绑扎材料	1次	—	
安全网	1次	—	

一次使用期可参考表4-10选取。

表4-10　一次使用期参考值

项　目	高　度	一次使用期限
脚手架	16m以内	6个月
脚手架	30m以内	8个月
脚手架	45m以内	12个月
满堂脚手架		25天
挑脚手架		10天
悬空脚手架		7.5天
室外管道脚手架	16m以内	1个月
里脚手架		7.5天

钢管脚手架钢管的维护保养可按钢管初次投入使用前刷两遍防锈漆，以后每三年刷一遍考虑，在180个月耐用期限内累计刷5遍，则维护保养费用可按下式计算：

$$\text{维护保养费用}=\frac{\text{一次使用量}}{180\text{个月}\div 5\div \text{一次使用期}}\times \text{刷油漆工料单价} \qquad (4\text{-}25)$$

式中，刷油漆工料单价可按相应单位估价表选取。

4.3 机械台班消耗定额的编制

4.3.1 机械台班消耗定额的概念和表达形式

机械台班消耗定额是指在合理使用机械和合理施工组织条件下，完成单位合格产品必须消耗的机械台班数量标准。其表现有两种，即机械时间定额和机械产量定额。

一台机械工作 8h，称为一个台班。

机械时间定额是指在合理劳动组织与合理使用机械条件下，机械完成单位合格建筑产品所必须消耗的台班数量。计量单位为“台班”。

$$\text{机械时间定额}=\frac{1}{\text{机械台班产量}} \tag{4-26}$$

机械产量定额是指在正常施工条件和合理劳动组织条件下，机械在一个台班内完成的合格建筑产品数量。机械产量定额以产品的计量单位“m，m^2，m^3，个，吨……”等为计量单位。机械产量定额与机械时间定额互为倒数。

$$\text{机械产量定额}=\frac{1}{\text{机械时间产量}} \tag{4-27}$$

人工配合机械作业时，确定单位产品人工时间定额可采用如下方法：

$$\text{单位产品人工时间定额}=\frac{\text{工人小组成员数}}{\text{机械台班产量}} \tag{4-28}$$

【例 4-9】由 1 名吊车司机、2 名安装起重工、2 名电焊工组成的综合小组，配合 6 吨塔式起重机吊装混凝土构件，机械台班产量为 40 块。计算吊装每块混凝土构件的机械时间定额和人工时间定额。

解：

（1）吊装每块混凝土构件的机械时间定额$=\dfrac{1}{\text{机械台班产量}}=\dfrac{1}{40}=0.025$（台班）

（2）吊装每块混凝土构件的人工时间定额：

吊车司机人工时间定额=1×0.025=0.025（工日）

安装起重工人工时间定额=2×0.025=0.05（工日）

电焊工人工时间定额=2×0.025=0.05（工日）

综合小组人工时间定额= （1+2+2）×0.025=0.125（工日）

或者

综合小组人工时间定额$=\dfrac{\text{工人小组成员数}}{\text{机械台班产量}}=\dfrac{1+2+2}{40}=0.125$（工日）

4.3.2　机械台班消耗定额的编制步骤

施工机械消耗定额，是施工机械生产率的反映。高质量的施工机械定额，是合理组织机械化施工，有效利用施工机械，进一步提高机械生产率的必备条件。

编制施工机械定额，主要包括以下步骤。

1．拟定机械工作的正常条件

机械工作和人工操作相比，劳动生产率在更大程度上要受到施工条件的影响。所以，编制施工定额时更应重视确定出机械工作的正常条件。

拟定机械工作正常条件主要是拟定工作地点的合理组织和合理的工人编制。

工作地点的合理组织，就是对施工地点机械和材料的放置位置、工人从事操作的场所，做出科学合理的平面布置和空间安排。它要求施工机械和操纵机械的工人在最小范围内移动，但又不阻碍机械运转和工人操作；应使机械的开关和操纵装置尽可能集中地装置在操作工人的近旁，以节省工作时间和减轻劳动强度；应最大限度地发挥机械的效能，减少工人的手工操作。

拟定合理的工人编制，就是根据施工机械的性能和设计能力，工人的专业分工和劳动工效，合理确定操纵机械的工人和直接参加机械化施工过程的工人的编制人数。确定操纵和维护机械的工人编制人数及配合机械施工的工人编制，如配合吊装机械工作的工人等。工人的编制往往要通过计时观察、理论计算和经验资料来合理确定。

拟定合理的工人编制，应要求保持机械的正常生产率和工人正常的劳动工效。

2．确定机械净工作一小时正常生产率

确定机械正常生产率时，必须首先确定出机械净工作一小时正常生产效率。

机械定额时间可以分为净工作时间和其他工作时间两部分。机械净工作时间，就是指机械的必需消耗时间，包括：

1）机械有效工作时间，包括机械在正常负荷下和有根据地降低负荷下的工作时间。

2）不可避免的无负荷工作时间，如运输汽车的空车返回时间。

3）循环的不可避免的中断时间，是指机械由于工艺上或技术组织上的原因而停机的时间，如运输汽车等候装卸的时间。

其他工作时间是指除了净工作时间以外的定额时间，包括：

1）机械定期的无负荷工作时间和定期的不可避免中断事件。

2）操纵机械或配合机械工作的工人，进行工作班内或任务内准备与结束工作时造成的机械不可避免中断时间。

3）操纵机械或配合机械工作的工人休息造成的机械不可避免的中断时间。

机械一小时净工作正常生产率，就是在正常施工组织条件下，由具有必需的知识和技能的技术工人操纵机械一小时的产量。根据机械工作特点的不同，机械一小时净工作正常生产率的确定方法也有所不同。

（1）循环动作机械。对于按照同样次序，定期重复着固定的工作与非工作组成部分的循环动作机械，确定机械净工作一小时正常生产率的计算公式为

机械净工作一小时正常生产率=机械净工作一小时正常循环次数×一次循环产量

即

$$N_{\mathrm{h}} = m \times n \tag{4-29}$$

式中 m——机械每一次循环生产的产品数量；

n——机械净工作一小时正常循环次数。

一次循环的正常延续时间等于该循环各组成部分正常延续时间之和，即等于 $t_1 + t_2 + t_3 + \cdots + t_n$。各组成部分正常延续时间可采用技术测定法确定，应扣除循环各组成部分重叠时间，如挖土机“提升挖斗”与“回转斗臂”的重叠时间。净工作一小时正常生产率可按下列公式计算：

$$机械净工作一小时正常循环次数=\frac{60\times60}{一次循环的正常延续时间（s）}=\frac{60\times60}{t_1+t_2+t_3+\cdots+t_n(s)} \quad (4\text{-}30)$$

工作时间内的产品数量和工作时间的消耗，要通过多次现场观察和机械说明书来取得数据。

（2）连续动作机械。连续动作机械净工作一小时正常生产率 N_h 的确定，可以通过实验或计时观察得出时间 t 内完成的产品数量 m，按下式计算：

$$N_h=\frac{m}{t} \quad (4\text{-}31)$$

由于难以精确确定机械生产产品数量，确定机械净工作一小时正常生产率的可靠性难以保证。因此，运用计时观察法的同时，还应以机械说明书等有关资料数据为依据，综合分析确定。

3. 确定施工机械正常利用系数

确定施工机械的正常利用系数，是指机械在工作班内对工作时间的利用率。机械的利用系数和机械在工作班内的工作状况有着密切的关系。所以，要确定机械的正常利用系数，首先要拟定机械工作班的正常工作状况。

拟定机械工作班正常状况，关键是如何保证合理利用工时。① 注意尽量利用不可避免的中断时间，或工作开始前与结束后的时间进行机械的维护和保养；② 尽量利用不可避免中断时间作为工人休息时间；③ 根据机械工作的特点，对担负不同工作的工人规定不同的工作开始与结束时间；④ 合理组织施工现场，排除由于施工管理不善造成的机械停歇。

确定机械正常利用系数，要计算工作班正常状况下，准备与结束工作，机械启动、机械维护等工作所必需消耗的时间，以及机械有效工作的开始与结束时间，从而进一步计算出机械在工作班内的净工作时间和机械正常利用系数。

机械净工作时间（t）与工作班延续时间（T）的比值，称为机械正常利用系数（K_B）。

$$机械正常利用系数=\frac{净工作时间}{工作班延续时间}$$

即

$$K_B = \frac{t}{T} \tag{4-32}$$

4．计算施工机械定额

计算施工机械定额是编制机械定额工作的最后一步。在确定了机械工作正常条件、机械一小时纯工作正常生产率和机械正常利用系数之后，采用下列公式计算施工机械的台班产量：

$N_{台班}$=机械净工作一小时正常生产率×工作班延续时间×机械正常利用系数

即

$$N_{台班}=N_h \times 8 \times K_B \tag{4-33}$$

根据施工机械台班产量，通过下列公式，可以计算出施工机械时间定额。

$$机械时间定额 = \frac{1}{机械台班产量} \tag{4-34}$$

【例4-10】若例4-3中框架梁采用C25砼浇注，砼搅拌使用400L搅拌机，其出料系数为65%，搅拌机装料时间为50s，搅拌时间为180s，卸料时间为40s，中断时间为20s，机械利用系数 K_B=0.9，砼损耗率为1.5%。试确定搅拌机的施工定额并计算搅拌一跨梁混凝土的搅拌机台班使用量。

解：（1）确定搅拌机的施工定额。

搅拌机搅拌混凝土的一次循环的延续时间=50+180+40+20=290（s）

N_h=（3 600/290）×400×10^{-3}×65%=3.228（m^3）

$N_{台班}=N_h \times K_B \times 8$=3.228×8×0.9=23.24（$m^3$）

搅拌机台班消耗定额=1/23.24=0.043（台班）

（2）计算搅拌一跨梁混凝土的搅拌机台班使用量。

一跨梁的工程量：V=S×L=0.4×0.6×（6.6-0.45）=1.476（m^3）

砼消耗量=净用量/（1–损耗率）=1.476/（1–1.5%）=1.498（m^3）

搅拌一跨梁混凝土搅拌机台班使用量=1.498×0.043=0.064（台班）

复习思考题

1．什么是劳动定额？劳动定额的表现形式是什么？相互间有何关系？

2．劳动定额制定的原则和方法是什么？

3．如何确定劳动定额消耗量？

4．材料净用量定额和材料损耗定额的确定方法有什么？

5．机械台班消耗定额的编制方法是什么？如何确定机械台班产量和机械时间定额？

6．$10m^3$一砖厚普通黏土砖墙中砂浆净用量为（　　）。

A．$2.51m^3$　　B．$2.38m^3$

C．$2.26m^3$　　D．$1.59m^3$

7．确定机械台班定额消耗量时，首先应确定（　　）。

A．正常的施工条件　　B．机械正常生产率

C．机械工作时间的利用率　　D．机械正常的生产效率

8．根据计时观察法测得工人完成$1m^3$某分项工程的工作时间为：基本工作时间61min，辅助工作时间9min，准备与结束工作时间13min，不可避免的中断时间6min，休息时间9min，则劳动定额为（　　）。

A．$98min/m^3$　　B．0.204工日/m^3

C．$93min/m^3$　　D．0.192工日/m^3

实训题

1．某沟槽长335.1m，底宽为3m，室外设计地坪标高为-0.3m，槽底标高为-3m，四面放坡，放坡系数为1∶0.67，无地下水，采用挖斗容量为$0.5m^3$的反铲挖掘机挖土，载重量为5t的自卸汽车将开挖土方量的60%运走，运距为3km，其余土方量就地堆放。经现场测试的有关数据如下：

（1）假设土的松散系数为1.2，松散状态容量为$1.65t/m^3$。

（2）假设挖掘机的铲斗充盈系数为1.0，每循环一次为2min，机械时间利用系数为0.85。

（3）自卸汽车每一次装卸往返需 24min，时间利用系数为 0.80。

【分析与讨论】

（1）该沟槽土方工程开挖量是多少？

（2）所选挖掘机、自卸汽车的台班产量是多少？

（3）自卸汽车将土运走需多少台班？

2．贴墙砖（密缝）的技术测定资料如下:

（1）完成 $1m^2$ 墙砖铺贴需要基本工作时间 4.3 小时，辅助工作时间占延续时间的 7%，准备与结束工作时间占延续时间的 5%，不可避免的中断时间占 3%，休息时间占 3%。

（2）贴墙砖 $1m^2$ 需要混合砂浆 $0.01m^3$，水泥砂浆 $0.009m^3$，采用 150×75 墙砖（密缝镶贴），砂浆及面砖的损耗率均为 1.5%。

（3）贴砖所用混合砂浆和水泥砂浆均采用 200 升搅拌机现场搅拌，搅拌机净工作 1 小时产量是 $4m^3$，机械利用系数为 0.9。

试编制贴墙砖的施工定额。

第 5 章　预算定额

学习目标

☑ 一般训练对预算定额、单位估价表概念的理解与领会能力

☑ 一般训练对预算定额编制原则与依据的理解及把握能力

☑ 一般训练对预算定额人、材、机消耗指标确定的把握与领会能力

☑ 重点训练对单位估价表的编制和人、材、机单价确定的理解与把握能力

☑ 重点训练对预算定额的使用能力

5.1　预算定额概述

5.1.1　预算定额的概念与作用

1. 预算定额的概念

预算定额是指在正常施工条件下，生产一定计量单位的分部分项工程或结构构件，规定消耗的人工、材料和机械台班的数量标准，以及每一分项工程的单位预算价格。

预算定额属于计价性定额，是计算建筑安装产品价格的主要依据。预算定额以施工定额为依据进行编制。预算定额中包含资源消耗量与单位估价表两部分内容，其中资源消耗量的确定以国家统一基础定额为基础，如编制建筑工程预算定额时以1995年《全国统一建筑工程基础定额》为依据，同时考虑本地区的地质、气候、环境、资源供应状况等诸多因素，并适当考虑预算定额与基础定额之间的幅度差，确定本省、市、自治区、直辖市的预算定额中人工、材料、机械台班消耗量指标。

我国现行的工程建设概、预算制度，规定了通过编制概算和预算确定设计阶段和施工阶段工程造价，那么概算定额、预算定额等则是计算人工、材料、机械台班耗用量的依据。同时，现行制度还赋予了概、预算定额和其他费用指标以经济法规性质，使其在执行范围内具有相应的权威性。这些定额和指标成为建设单位和施工企业间建立经济关系的重要基础，也是设计单位和有关的金融机构在自己工作中应遵守的准绳。

2. 预算定额的主要作用

（1）预算定额是确定建筑安装工程价格的重要依据。建筑安装工程价格中的重要组成部分是工程预算成本，而工程预算成本中最主要、最基本的部分是直接工程费。直接工程费则是依据建筑安装工程预算定额规定的人、材、机三种实物消耗指标为基础计算的。

（2）预算定额是国家对工程建设领域进行经济管理的重要依据。国家可通过预算定额将工程建设的人工、材料、施工机械等消耗数量控制在一个合理的水平上，并以此为基础，根据实际的人力、物力与财力，正确制定固定资产投资计划，适度把握固定资产投资规模，切实做好对工程建设的宏观调控与管理，有效地防止工程建设中人力、物力、财力的浪费，提高固定资产投资的经济效益。

（3）预算定额是比较和选择工程项目设计方案的重要依据。进行方案比选时需根据预算定额和各个方案的设计内容，计算出各方案所需的工、料消耗总量，再进行分析、比较，进而选择耗费少、投资生产成本低、盈利大、投资回收快的最佳设计方案。

（4）预算定额可以作为企业经济核算的重要依据。施工企业进行经济核算的根本目的是要以收抵支，多获效益，以少的耗费获取大的效益。施工企业的收入就是依据预算定额编制的工程预算，施工企业的支出是完成该项建筑工程的实际工程成本，施工企业的施工利润则由已完工程的结算收入，扣除已完工程实际成本的差额形成。

（5）预算定额是编制建筑安装工程概算定额和概算指标的主要依据。概算定额是确定完成一定计量单位的建筑安装工程的扩大分项工程或扩大结构构件所需人工、材料、施工机械合理消耗量的标准。概算定额中每一个扩大分项工程所需的实物消耗指标是在预算定额的基础上，以一个预算定额分项为主，合并与其相关的若干个其他预算定额分项工程综合扩大形成的。因此，每一概算定额分项所包括的工作内容，就是它所含的若干预算定额分项的工作内容的综合，每一概算定额分项所规定的实物消耗指标，就是它所包括的预算定额分项的实物消耗指标的总和。而概算指标则较概算定额的综合性更高。概算指标多是依据工程预算定额、设计图纸编制的施工图预算文件有关资料，结合考虑相关因素调整确定的。

总之，预算定额对加强工程造价管理，控制基本建设资金使用，加强企业经济核算和改善企业经营管理都起着重要作用。

3．预算定额与施工定额的区别与关系

施工定额是预算定额的编制基础。由于这两种定额的作用不同，定额水平、项目划分、项目包括的工作内容、项目的计量单位就可能不一样。施工定额是按照平均先进的生产力水平编制的，而确定预算定额时，水平相对要低一些。预算定额的编制遵循社会平均水平，即现实的平均中等生产条件、平均劳动熟练程度、平均劳动强度下，多数企业能够达到或超过，少数企业经过努力也可以达到的水平。预算定额施工中的一般情况，而施工定额考虑的是施工的特殊情况，预算定额实际考虑的因素比施工定额多，要考虑一个幅度差。所谓幅度差，是指在正常的施工条件下，施工定额中未包括，而在施工过程中又可能发生而增加的附加额。如人工幅度差、机械幅度差，若用相对数表示这种附加额，称为幅度差系数。

5.1.2　预算定额编制的原则、依据、步骤及主要工作

1．预算定额的编制原则

（1）坚持先进合理的原则。先进就是技术先进，在预算定额的编制过程中，应采用成熟并已推广的先进施工方法、管理方法以及新工艺、新材料、新结构、新技术等，以有效地提高整个建筑行业的劳动生产率水平。合理就是经济合理，预算定额所采用的劳动效率，

材料规格、质量、数量，施工机械台班消耗量等，既要遵循有关法令条文的有关规定，又要符合现实的大多数施工企业的生产和经营管理水平。坚持先进合理的原则，要在每次预算定额修订、编制时，根据施工生产和经营管理发展的新情况对预算定额水平予以适当的提高，而且保证所修订、编制的预算定额的总水平与现阶段建筑行业平均劳动生产率水平基本吻合。

（2）坚持平均水平的原则。确定预算定额水平的重要依据是在现实的、正常的施工生产条件以及建筑安装工人平均的劳动熟练程度，平均劳动强度下所达到的生产力水平，也就是预算定额水平必须是一个平均的水平。

（3）坚持简明适用的原则。“简明”强调的是综合性，就是在划分预算定额中的分项项目时，综合性一定要强，要在保证预算定额的分项项目准确的条件下，尽量使分项项目简明扼要，尽可能地简化工程定价过程中工程量的计算工作。“适用”是要强调齐全性。分项项目的划分在加强综合性的同时，必须注重实际情况，保证项目相对齐全，以利预算定额的使用方便。

（4）坚持集中领导，分级管理的原则。集中领导是指对编制预算定额的方案、原则、办法等，由最高主管部门根据国家的方针、政策统一制定，并具体组织统一预算定额的编制或修订，颁发有关规章条例细则，颁发全国定额和费用标准，实行集中领导。只有这样，才能使工程建设产品有一个统一的计价依据，便于国家掌握统一的尺度和标准，对不同地区、不同部门的工程设计和施工的经济效果进行有效的监督，避免分散编制预算定额可能产生的定额水平不一，地区和部门之间的工程建设产品缺乏可比性的状况。分级管理则是由各地根据本地区的特点，按照国家规定的统一编制原则，编制部门或地区性的补充预算定额及补充制度、条例等，并对预算定额实行日常管理，除了普遍性的定额项目由国家统一编制外，对地区性定额项目，尚未在全国普遍推行的新定额项目应由地方解决。这样才能使各部门、各地区按照预算定额编制出的工程价格较好地符合其价值，利于预算定额的执行。

2．预算定额的编制依据

（1）国家及有关部门的有关制度和规定。

（2）现行的设计规范、施工及验收规范、质量评定标准和安全技术规程。

（3）全国统一基础定额，各省、市、自治区现行预算定额及其编制的基础资料，有代表性的、质量较好的补充定额及单位估价表等。

（4）现行的人工工资标准、材料预算价格和施工机械台班预算价格。

（5）有关施工的科学实验、测定资料、统计和经验分析资料、新技术、新结构、新材料和先进经验资料。

3．预算定额的编制步骤

（1）成立编制小组，拟定编制方案，收集有关资料。收集的资料包括定额编制的基础资料（以统计资料为主）；建设单位、设计单位、施工单位、工程咨询单位及有关单位对以往定额存在的问题提出的意见和建议；定额管理部门积累的资料，如日常定额解释资料、补充定额资料、新结构、新工艺、新材料、新机械、新技术用于工程实践的资料；一定数量的现场实验资料；现行规定、规范和政策法规资料。

（2）编制初稿。审查、熟悉和修改资料，确定定额项目的划分和工程量计算规则，并按照确定项目的图纸逐项计算工程量，在此基础上，对有关的规范、资料进行分析和测算，计算人工、材料、施工机械台班消耗量，计算定额工程单价，然后编制定额项目表。

（3）预算定额水平的测算和审查、征询意见并修改完善，报有关领导部门审批。定额初稿编出后，通过新旧定额对比，测算定额水平。一般新编定额的水平应该不低于历史上已经达到过的水平，并应有所提高。组织有关部门、单位、专家及经验丰富的专业人士讨论，听取意见与建议，对定额进行必要的修正，分析定额水平升降的原因，写出预算定额编制说明，连同预算定额送审稿报送领导机关审批。

预算定额水平的测算方法有：

1）单项定额测算比较，即对主要分项工程的新旧定额水平进行逐项比较。

2）预算造价水平测算，即对同一工程用新旧定额编制出两份预算进行比较。

3）新定额与施工现场水平进行比较，即按新定额编制的预算工料与实际工料消耗水平进行比较。

预算定额对比分析的内容有：规范变更的影响，更改旧定额的误差影响，施工方法改变的影响，材料损耗率调整的影响，劳动定额水平变化的影响，机械台班定额及其预算价格变化的影响，其他材料费变化的影响，材料价差的影响，等等。

4．预算定额编制的主要工作

（1）确定各项目的名称、工作内容及施工方法。确定工程项目时，应便于计算工程所需的工料和费用；便于简化预算编制程序；便于进行技术经济分析和施工中计划、统计，经济核算工作的开展。在编制预算定额时，根据有关编制资料，参照施工定额分项项目，进一步综合确定预算定额的名称、工作内容和施工方法，使编制的预算定额简明适用。同时，还要使施工定额和预算定额之间协调一致，并可以比较，以减轻编制预算定额的工作量。

（2）确定预算定额的计量单位。根据分部分项工程和结构构件的形体特征及其变化确定预算定额的计量单位，应与工程项目内容相适应，应能反映分项工程最终产品形态和实物量，使用方便。

预算定额的计量单位一般根据分项工程或结构构件的特征及变化规律来确定。

1）如果物体有一定厚度，而长度和宽度不定，采用面积以平方米为单位，如屋面、楼地面、天棚抹灰等。

2）如果物体的长、宽、高均变化，则采用体积以立方米为单位，如土方、砖石、混凝土及钢筋混凝土制作工程等。

3）如果物体断面形状大小固定，则采用延长米为计量单位，如管道线路安装、木装饰条等。

4）钢结构由于重量和价格差异很大，形状不固定，因而采用重量以吨为计量单位。

5）建筑结构构件具有一定规格，构造可能较复杂，可以按个、台、座、套等为计量单位。

计量单位均应采用国家法定计量单位，这是以国际单位制为基础的中华人民共和国法定计量单位，长度：厘米（cm）、米（m）、千米（km）；面积：平方毫米（mm^2）、平方厘米（cm^2）、平方米（m^2）；体积或容积：立方米（m^3）、升（L）；重量（质量）：千克（kg）、吨（t）。

数值单位与小数位数的取定为：

1）人工：工日，取两位小数。

2）单价：元，取两位小数。

3）主要材料及半成品：木材，取三位小数；钢材及钢筋，吨（t），取三位小数；水泥、石灰，千克（kg），取一位小数；混凝土，立方米（m^3），取两位小数；其他材料一般取两位小数。

4）其他材料费：元，取两位小数。

5）机械台班：台班，取两位小数。

6）取位后的数字按四舍五入规则处理。若预算定额采用扩大计量单位，采用原单位的倍数，如挖土方、砖砌体、混凝土等以 $10m^3$ 为单位；楼地面、天棚抹灰等以 $100m^2$ 为单位。

（3）定额消耗量指标的确定。人工、材料和施工机械台班消耗量指标，根据预算定额的编制原则、依据，采用理论与实际相结合、图纸计算和施工现场测算相结合、定额编制人员与现场工作人员相结合等方法计算。

预算定额是一种综合性定额，包括为完成一个分项工程或结构构件所必需的全部工作内容。在编制定额时，根据设计图纸、施工定额的项目和计量单位，计算该分项工程的工程量。如果选用多份图纸进行测算，采用加权平均的方法确定工程量。求出工程量后，再计算人工、材料和施工机械的消耗量，定额指标乘基价就是该分项工程的人工费、材料费和施工机械费的单价。

（4）编制定额表和有关说明。定额项目表是预算定额的主要组成部分。预算定额表组成应包括预算基价（估价表与消耗量表合并时）、人工费、材料费、机械费、人工及主要材料消耗量。

定额中分为章、节、项目三级。一般章编号以中文第一、第二章等表示，连同章名称列章的首页；节编号可以以中文第一、第二节等表示，也可以阿拉伯数字 1，2 和 3 等表示，连同节名称列在表上，项目编码（定额编号）按章与项目，以 1-1 和 1-2 等表示列在定额表内，项目编号按章分别顺序排列。表格采用横排竖排均可，如天津市预算定额形式（见表 5-1）。

预算定额说明包括定额总说明、分部分项工程说明。

5.1.3　预算定额手册简介

预算定额手册一般由目录、总说明、建筑面积计算规则、分部工程说明和分项工程说明、工程量计算规则与计算方法、分项工程定额表和有关附录或附件等组成。

表 5-1　天津市预算定额形式

编号	项目	单位	预算基价					人工		材料								机械		
			总价	人工费	材料费	机械费	管理费	综合工	其他人工费	细石混凝土	水泥	沙子	水	辅助材料费	其他材料费	素水泥浆	水泥砂浆1∶1	灰浆搅拌机400L	辅助机具费	其他机械费
			元	元	元	元	元	工日	元	m^3	kg	t	m^3	元	元	m^3	m^3	台班	元	元
								32.00			0.29	49.68	4.60					65.30		
1-13	细石混凝土楼地面 厚度40mm	100m^2	803.03	452.46	266.44	6.43	77.70	13.43	22.70	(4.040)	594.08	0.536	5.640	8.79	32.79	(0.100)	(0.540)	0.07	1.68	0.18
1-14	细石混凝土楼地面 每增减10mm	100m^2	97.44	75.13	9.01	0.43	12.87	2.23	3.77	(1.010)			0.508		6.67				0.42	0.01

1. 总说明

总说明是综合说明定额的编制原则、指导思想、编制依据、适用范围以及使用注意事项等，也说明编制定额时已经考虑和没有考虑的因素与有关规定和使用方法。因此，在使用定额前首先应阅读这部分内容。

2. 建筑面积计算规则

建筑面积是分析建筑安装工程技术经济指标的重要依据，根据建筑面积计算规则计算每一单位建筑面积的工程量、造价、用工和用料等，可与同类结构性质的工程相互比较其经济效果。在计算工程量时，可以利用其他已完工程每一单位建筑面积的工程量进行对比，如相差悬殊，可检查计算过程是否有误。

3. 分部工程说明

分部工程说明主要说明该分部所包括的工程内容和该分部所包括的工程项目、工作内容及主要施工过程，工程量计算方法以及计算单位、尺寸及起讫范围、应扣除和应增加的部分，以及计算附表。有的还包括计价说明和定额调整与换算等规定的说明。这部分是工程量计算与计价的基础，需全面掌握。

4. 分项工程定额表

在分项工程定额表中人工一般是以工种、工日数以及合计工日数表示，如天津市预算定额是按照综合用工和其他用工编制的。“材料”栏列出主要材料消耗量、其他材料费等。“机械”栏列出主要机械消耗量和其他机械费用。在定额项目表中还可列出根据取定的工资标准及材料预算价格等分别计算出的人工、材料、机械费及其预算基价，即单位估价表部分，如表5-1所示。

5. 附录、附件或附表

预算定额的最后一个组成部分就是附录、附件或附表，有建筑机械台班费用定额表、各种混合材料的配合比表等。

5.2 人工消耗指标的确定

预算定额中人工消耗指标包括完成该分项工程必需的各种用工量。确定人工工日消耗可以选择两种方法，一种是以施工定额的劳动定额为基础确定；另一种是采用计时观察法测定。

1. 以劳动定额为基础计算人工工日消耗

预算定额的人工工日消耗分为两部分，即基本用工和其他用工。基本用工是指完成单位合格建筑产品所必须消耗的技术工种用工。基本用工按技术工种相应劳动定额工时消耗计算，如各种墙体工程中的砌砖、调制砂浆以及运输砖和砂浆的用工量。基本用工之外的人工工日消耗称为其他用工，包括辅助用工、超运距用工和人工幅度差。

基本用工按照综合取定的工序工程量套取劳动定额计算，即

$$\text{基本用工工日数量}=\sum(\text{工序工程量}\times\text{时间定额}) \tag{5-1}$$

辅助用工是指劳动定额内不包括而在预算定额内又必须考虑的材料加工用工，如筛沙子、淋石灰膏等增加的用工数量。

$$\text{辅助用工数量}=\sum(\text{加工材料数量}\times\text{时间定额}) \tag{5-2}$$

超运距用工是指预算定额规定的材料运输距离超过劳动定额规定的材料运输距离所增加的用工。

$$\text{超运距用工数量}=\sum(\text{超运距材料数量}\times\text{时间定额}) \tag{5-3}$$

其中，超运距=预算定额规定的运距−劳动定额规定的运距。

人工幅度差是指在劳动定额中未包括的，而在正常施工情况下又不可避免的一些零星用工，预算定额中应予以考虑。内容包括：

（1）各工种间的工序搭接及交叉作业互相配合所发生的停歇时间。

（2）施工机械在单位工程之间转移及临时水电线路移动造成的停歇时间。

（3）质量检查和隐蔽工程检查验收工作影响的时间。

（4）班组操作地点转移用工。

（5）工序交接时对前一工序不可避免的修整用工。

（6）施工中不可避免的其他零星用工。

人工幅度差的计算方法为

人工幅度差=（基本用工+辅助用工+超运距用工）×人工幅度差系数　（5-4）

人工工日消耗=基本用工+辅助用工+超运距用工+人工幅度差　（5-5）

2. 以现场测定资料为基础计算人工工日消耗

当劳动定额缺项时需要进行测定的项目，可采用工作日写实等测时方法测定计算预算定额的人工消耗量，如第 4 章所述。

5.3　材料消耗量指标的确定

材料消耗量指标是指在节约和合理使用材料的条件下，完成单位合格产品所必须消耗的一定品种规格的材料、燃料、半成品或构配件数量标准。

材料消耗量指标可按主要材料、辅助材料和其他材料以及周转性材料分别分析，其中主要材料包括材料净用量和材料损耗量。

1. 主要材料消耗量的确定

（1）材料净用量。材料净用量计算方法主要有计算法、换算法和测定法。

1）计算法。具备以下条件之一者均可采取计算法得出材料净用量或材料消耗量。

① 具有标准规格的材料，按规范要求计算定额计量单位耗用量，如砖、防水卷材、块料面层等。

例如，$1m^3$ 一砖厚机砖墙砖和砂浆的净用量可以按公式（4-10）计算：

$$\text{标准砖净用量}=\frac{K}{\text{墙厚}\times(\text{砖长}+\text{灰缝})\times(\text{砖厚}+\text{灰缝})}$$

$$=\frac{2\times1}{0.24\times(0.24+0.01)\times(0.053+0.01)}=529\text{（块）}$$

砂浆净用量=1−砖数×每块砖的体积=1−529×0.24×0.115×0.053=0.226（m^3）

② 凡设计图纸标注尺寸及下料要求的，按设计图示尺寸计算材料净用量，如门窗制作用料、钢筋、方料、板料等。

2）换算法。换算法适用于各种胶结、涂料等材料的配合比用料消耗量计算，可以根据分部分项工程实际情况计算换算系数，按要求条件换算，得出材料用量。

3）测定法。测定法适用于各种强度等级的混凝土及砌筑砂浆耗用原材料数量的计算，要求按规范试配，经过试压合格并经必要的调整后得出的水泥、沙子、石子、水的用量。测定法包括试验室试验法和现场观察法。对新材料、新结构等不能用其他方法计算定额耗用量时，需采用测定法来确定，根据不同条件可以采用写实记录法等方法，得出定额的消耗量。

（2）材料损耗量。材料损耗量是指在正常施工条件下不可避免的材料损耗，如现场内材料运输损耗及施工操作过程中的损耗等。其关系式为

$$\text{材料损耗率}=\frac{\text{损耗量}}{\text{净用量}}\times 100\% \qquad (5\text{-}6)$$

$$\text{材料消耗量}=\text{净用量}\times(1+\text{损耗率}) \qquad (5\text{-}7)$$

2. 辅助材料和其他材料用量的确定

辅助材料是指构成工程实体的辅助性材料，如铅丝、垫块等，以及其他材料用量少、不构成工程实体、但需要的一些零星材料，如棉纱、编号用油漆等。这两种材料因为用量不多，价值不大，可以采用估算法计算用量，将此类费用作为“辅助材料费”和“其他材料费”项目，或者合并以“次要材料费”项目，列在定额材料栏内，可不列材料名称及消耗量。以“元”作为计量单位。

3. 周转性材料消耗量的确定

周转性材料是指在施工过程中多次使用周转的工具性材料，如混凝土工程中使用的模板及支架、脚手架，土方工程施工中使用的挡土板等。周转性材料是按多次使用，分次摊销办法计算的。

周转性材料消耗量指标包括一次使用量和摊销量两个指标。

一次使用量是指周转性材料在不重复使用的条件下的一次使用量，它供建设单位和施

工单位申请备料和编制施工作业计划使用。

摊销量是指应分摊到每一计量单位分项工程或结构构件上的周转材料消耗量。

以混凝土模板的一次使用量和摊销量的计算为例。

（1）现浇混凝土构件模板用量：

$$1m^3\text{混凝土模板一次使用量}=1m^3\text{混凝土接触面积}(m^2)\times 1m^2\text{接触面积模板净用量}\div(1-\text{制作损耗率}) \quad (5\text{-}8)$$

$$\text{摊销量}=\text{一次使用量}\times\left[\frac{1+(\text{周转次数}-1)\times\text{补损率}}{\text{周转次数}}-\frac{(1-\text{补损率})\times 50\%}{\text{周转次数}}\right] \quad (5\text{-}9)$$

（2）预制混凝土构件模板用量：

$$\text{模板摊销量}=\frac{\text{一次使用量}}{\text{周转次数}} \quad (5\text{-}10)$$

5.4　机械消耗指标的确定

预算定额中的机械消耗指标（也称作机械台班消耗量指标）是指在正常施工条件和合理使用机械的条件下，完成单位合格产品必须消耗的机械台班数量标准。

确定机械消耗指标可以选择如下两种方法。

（1）根据施工定额确定机械消耗指标，即预算定额机械台班消耗量，包括施工定额中的机械台班消耗量和机械幅度差两部分。计算式为

预算定额机械台班消耗量=施工定额机械台班消耗量×（1+机械幅度差系数）（5-11）

机械幅度差是指在劳动定额中未包括的、而机械在合理的施工组织条件下所必需的停歇时间，在编制预算定额时应予以考虑。其内容包括：

1）施工机械转移工作面及配套机械互相影响损失的时间。

2）在正常的施工条件下，机械施工中不可避免的工序间歇。

3）检查工程质量影响机械操作的时间。

4）工程结尾时，工作量不饱满所损失的时间。

机械幅度差系数一般根据测定和统计资料取定。大型机械的幅度差系数为：土方机械25%，打桩机械 33%，吊装机械 30%。垂直运输用的塔吊、卷扬机及砂浆、混凝土搅拌机按小组配用，以小组产量计算机械台班产量，不另增加机械幅度差。其他分部工程中如钢筋加工、木材、水磨石等各项专用机械的幅度差为 10%。

占比重不大的零星小型机械按劳动定额计算出使用量，以“其他机械费”项目列出，以“元”为计量单位，不再列台班数量。

（2）以现场测定资料为基础确定机械台班消耗量，当施工定额缺项时需按单位时间完成的产量测定机械台班产量，然后计算机械台班消耗量指标。详见第 4 章所述。

5.5 单位估价表的编制

5.5.1 单位估价表的概念

我国建设工程造价领域长期采用单位估价法编制概预算。这是因为在价格比较稳定，或价格指数比较完整、准确的情况下，可以编制出地区统一工程单价用来直接套用，以简化概预算编制工作。

地区统一单位估价表是地区统一工程预算单价的表现形式。各类预算定额中除了规定人工、材料和机械的消耗指标之外，还列有“预算价值”或“基价”。“预算价值”或“基价”所列的内容，是每一定额计量单位建筑安装工程的人工费、材料费和机械费，以及这三者之和，即工程预算单价。资源消耗量指标与工程单价同时在预算定额中出现，就是预算定额“量价合一”的特征。

地区统一单位估价表编制出来以后，就形成了地区统一的工程预算单价。这种统一工程单价是根据预算定额资源消耗量和编制期当地的预算价格编制的，具有相对的稳定性。但是为了适应市场价格的变动，在编制预算时，必须根据价格修正系数或价格指数对固定的工程单价进行修正。修正后的工程单价乘以根据设计图纸计算出来的工程量，就可以获得工程人、材、机费用合计。

工程预算单价计算公式为

$$工程预算单价=定额人工费+定额材料费+定额机械费 \quad (5-12)$$

其中：

$$定额人工费=\sum(定额工日数\times人工工日单价)+其他人工费 \quad (5\text{-}13)$$

$$定额材料费=\sum(定额材料数量\times材料预算价格)+其他材料费 \quad (5\text{-}14)$$

$$定额机械费=\sum(定额机械消耗数量\times台班单价)+其他机械费 \quad (5\text{-}15)$$

5.5.2　人工单价的组成和确定

1. 人工单价的组成

人工单价即人工工日单价，是指一个建筑安装工人一个工作日内应计入工程单价中的全部人工费用，它基本反映了建筑安装工人的工资水平和一个工人在一个工作日内可以获得的报酬。合理确定人工工日单价是正确计算人工费和工程造价的前提与基础。其内容应包括：

（1）计时工资或计件工资：按计时工资标准和工作时间或对已做工作按计件单价支付给个人的劳动报酬。

（2）奖金：对超额劳动和增收节支支付给个人的劳动报酬。如节约奖、劳动竞赛奖等。

（3）津贴补贴：为了补偿职工特殊或额外的劳动消耗和因其他特殊原因支付给个人的津贴，以及为了保证职工工资水平不受物价影响支付给个人的物价补贴。如流动施工津贴、特殊地区施工津贴、高温（寒）作业临时津贴、高空津贴等。

（4）加班加点工资：按规定支付的在法定节假日工作的加班工资和在法定日工作时间外延时工作的加点工资。

（5）特殊情况下支付的工资：根据国家法律、法规和政策规定，因病、工伤、产假、计划生育假、婚丧假、事假、探亲假、定期休假、停工学习、执行国家或社会义务等原因按计时工资标准或计时工资标准的一定比例支付的工资。

2. 人工单价的计算方法

当前，按照现行规定，生产工人的人工工日单价的确定可以参照下述方法进行。

根据建标［2013］44 号文件规定，人工费计算方法可以采用下列两种计算公式。

公式 1：人工费=Σ（工日消耗量×日工资单价），这里

$$日工资单价=\frac{生产工人平均月工资(计时、计件)+平均月(奖金+津贴补贴+特殊情况下支付的工资)}{年平均每月法定工作日} \quad (5\text{-}16)$$

此公式主要适用于施工企业投标报价时自主确定人工费，也是工程造价管理机构编制计价定额确定定额人工单价或发布人工成本信息的参考依据。

公式2：人工费=∑（工程工日消耗量×日工资单价）。

日工资单价是指施工企业平均技术熟练程度的生产工人在每工作日（国家法定工作时间内）按规定从事施工作业应得的日工资总额。

工程造价管理机构确定日工资单价应通过市场调查，根据工程项目的技术要求，参考实物工程量人工单价综合分析确定，最低日工资单价不得低于工程所在地人力资源和社会保障部门所发布的最低工资标准的：普工1.3倍、一般技工2倍、高级技工3倍。

工程计价定额不可只列一个综合工日单价，应根据工程项目技术要求和工种差别适当划分多种日人工单价，确保各分部工程人工费的合理构成。

公式2适用于工程造价管理机构编制计价定额时确定定额人工费，是施工企业投标报价的参考依据。

5.5.3 材料（工程设备）预算价格的组成和确定

材料预算价格（或称为材料预算基价）是指材料由供应者仓库或提货地点到达工地仓库后的出库价格。材料预算价格由以下五项因素组成。

1. 供应价

供应价即材料的进货价。这是材料预算价格中最重要的构成因素。

对同一种材料，因产地、供应渠道不同出现几种供应价格时，应计算其加权平均供应价。

$$加权平均供应价=\sum K_i G_i \quad (5\text{-}17)$$

式中 K_i——第i个供应地点的材料供应比重；

G_i——第i个供应地点的材料供应价格。

2. 运杂费

运杂费是指材料由采购地点运至工地仓库的全程运输费用和包装费用。在一些量重价低的材料的预算价格中，运杂费占的比重很大，有的甚至超过供应价。其中，运输费用还包括车船运费、调车和驳船费、装卸费和附加工作费等项内容，一般占材料预算价格的15%~20%。

运输费用的确定，应根据材料的来源地、运输里程、运输方法，以及国家有关部门规定的运价标准分别计算。若同一品种的材料有几个来源地，其运输费用可根据运输里程、运输方法、供应量的比例用加权平均的方法来计算其平均值。

$$加权平均运输费=\sum K_i T_i \tag{5-18}$$

式中 K_i——第 i 个供应地点的材料供应比重；

T_i——第 i 个供应地点的材料运输等费用。

3. 运输损耗费

运输损耗费是指材料在装卸和运输过程中所发生的合理损耗。

4. 采购及保管费

采购及保管费是指为组织材料的采购、供应和保管所发生的各项必要费用，一般按材料到库价格的比率取定。例如，某地区规定费率为 2.4%，其中采购费占 40%，保管费占 20%，仓储费占 20%，仓储损耗费占 20%。

上述四项费用之和就是材料预算基价。其计算公式为

$$\begin{aligned}材料预算基价=&（供应价+运杂费+运输损耗费）\times \\ &（1+采购及保管费率）-包装品回收价值\end{aligned} \tag{5-19}$$

材料费用是工程费中所占比重最大的因素，约占工程费的 70%。在金属结构工程中所占比例更大。所以，准确计算材料预算价格，是对工程进行正确估价的重要前提。

5. 工程设备费

$$工程设备费=\sum（工程设备量\times工程设备单价） \tag{5-20}$$

工程设备单价=（设备原价+运杂费）×［1+采购保管费率（%）］（5-21）

【例 5-1】某工程使用彩钢板材共 3 000t，由甲、乙、丙、丁四个供应地购得，相关信息如表 5-2 所示。已知采购保管费率为 2.4%，卸车费为 7 元/t，试计算彩钢板的预算价格。

表 5-2　彩钢板采购基本信息

序号	货源地	数量（t）	供应单价（元/t）	运输单价（元/t·km）	运输距离（km）	装车费（元/t）
1	甲	1 000	4 350	2	45	9
2	乙	1 000	4 380	2	50	9
3	丙	500	4 390	2.1	53	9.3
4	丁	500	4 390	2.1	56	9.2
合　计		3 000				

解：（1）彩钢板的供应价。

① 总金额法。

（4 350×1 000+4 380×1 000+4 390×500+4 390×500）÷3 000=4 373.33（元/t）

② 权数比重法。

各地材料供应比重：

甲地供应比重=1 000÷3 000×100%=33.33%

乙地供应比重=1 000÷3 000×100%=33.33%

丙地供应比重=500÷3 000×100%=16.67%

丁地供应比重=500÷3 000×100%=16.67%

则材料供应价为

4 350×33.33%+4 380×33.33%+4 390×16.67%+4 390×16.67%=4 373.34（元/t）

（2）彩钢板的运杂费。

① 彩钢板的运输费：

2×45×33.33%+2×50×33.33%+2.1×53×16.67%+2.1×56×16.67%=101.49（元/t）

② 彩钢板的装卸费：

9×33.33%+9×33.33%+9.3×16.67%+9.2×16.67%+7=16.08（元/t）

则运杂费为

101.49+16.08=117.57（元/t）

（3）彩钢板的运输损耗费：

此题背景内没给损耗率，姑且认为损耗率为零，则损耗费为零。

（4）采购及保管费：

（4 373.34+117.57+0）×2.4%=107.78（元/t）

综上，彩钢板的预算价格为

4 373.34+117.57+107.78=4 598.69（元/t）

5.5.4　机械台班单价的组成和确定

根据建标［2013］44 号文件规定，机械费计算方法为：施工机械使用费=∑（施工机械台班消耗量×机械台班单价），而

机械台班单价=台班折旧费+台班大修理费+台班经常修理费+
台班安拆费及场外运费+台班燃料动力费+台班人工费+台班养路费及车船使用税（5-22）

［注：工程造价管理机构在确定计价定额中的施工机械使用费时，应根据《建筑施工机械台班费用计算规则》结合市场调查编制施工机械台班单价。施工企业可以参考工程造价管理机构发布的台班单价，自主确定施工机械使用费的报价，如租赁施工机械，公式为：施工机械使用费=∑（施工机械台班消耗量×机械台班租赁单价）。］

仪器仪表使用费的计算方法为：仪器仪表使用费=工程使用的仪器仪表摊销费+维修费。

1．折旧费

折旧费是指机械在规定的寿命期（使用年限或耐用总台班）内陆续收回其原值并支付贷款利息发生的费用。其计算公式为

$$折旧费=\frac{机械购置费\times(1-残值率)\times 贷款利息系数}{耐用总台班} \tag{5-23}$$

2．大修理费

大修理费是指机械设备按规定的大修间隔台班进行必要的大修理，以恢复机械正常功能所需的全部费用。大修理费是以机械寿命期内全部大修理费之和在总台班数中的分摊额

的形式表示的。其计算公式为

$$\text{大修理费}=\frac{\text{一次大修理费}\times\text{寿命期内大修理次数}}{\text{耐用总台班}} \tag{5-24}$$

3．经常修理费

经常修理费是指机械在寿命期内除大修理以外的各级保养（包括一级、二级、三级保养）、临时故障排除和机械停置期间的维护等所需各项费用，为保障机械正常运转所需的替换设备、随机工具附具的摊销费用以及机械日常保养所需润滑擦拭材料费之和在机械寿命期台班数中的分摊额。其计算公式为

$$\text{经常修理费}=\frac{\sum(\text{各级保养一次性费用}\times\text{寿命期各级保养总次数})+\text{临时故障排除费}}{\text{耐用总台班}}+\text{替换设备台班摊销费}+\text{工具附具台班摊销费}+\text{例保辅料费} \tag{5-25}$$

4．安拆费及场外运费

安拆费是指机械在施工现场进行安装、拆卸所需人工、材料、机械和试运转费用，包括机械辅助设施（如基础、底座、固定锚桩、行走轨道、枕木等）的折旧、搭设、拆除等费用。

场外运费是指机械整体或分体自停置地点运至现场或由一工地运至另一工地的运输、装卸、辅助材料以及架线等费用。

安拆费及场外运费应分别按不同机械型号、重量、外形体积以及不同的安拆和运输方式测算其一次安拆费和一次场外运费，及年平均安拆、运输次数，并可按下列公式计算：

$$\text{台班安拆费}=\frac{\text{机械一次安拆费}\times\text{年平均安拆次数}}{\text{年工作台班}}+\text{台班辅助设施费} \tag{5-26}$$

$$\text{台班辅助设施费}=\frac{(\text{一次运输及装卸费}+\text{辅助材料一次摊销费}+\text{一次架线费})\times\text{年运输次数}}{\text{年工作台班}} \tag{5-27}$$

$$\text{台班场外运费}=\frac{(\text{一次运输及装卸费}+\text{辅助材料一次摊销费}+\text{一次架线费})\times\text{年平均场外运输次数}}{\text{年工作台班}} \tag{5-28}$$

5. 燃料动力费

燃料动力费是指机械在运转或施工作业中所耗用的固体燃料（煤炭、木材）、液体燃料（汽油、柴油）、电力、水和风力等费用。其计算公式为

$$台班燃料动力费=台班燃料动力消耗量\times相应单价 \tag{5-29}$$

6. 人工费

人工费是指机上司机、司炉和其他操作人员的基本工资和其他工资性津贴（机上人员基本工资和工资性津贴以增加系数的形式表示）。其计算公式为

$$台班人工费=定额机上人工工日\times日工资单价 \tag{5-30}$$

7. 养路费及车船使用税

养路费及车船使用税是指机械按照国家有关规定应缴纳的养路费和车船使用税，按各省、自治区、直辖市规定标准计算后列入定额。其计算公式为

$$养路费及车船使用税=\frac{载重量（或核定自重吨位）\times（养路费标准元/吨\cdot月\times12+车船使用税标准元/吨\cdot年）}{年工作台班} \tag{5-31}$$

【例 5-2】 砌筑一砖半砖墙的技术测定资料如下：

（1）完成 $1m^3$ 砖砌体需基本工作时间 15.5h，辅助工作时间占工作延续时间的 3%，准备与结束工作时间占 3%，不可避免的中断时间占 2%，休息时间占 16%，人工幅度差系数为 10%，超运距运砖每千块需耗时 2.5h。

（2）砖墙采用 M5 水泥砂浆砌筑，水泥砂浆的实体体积与虚体积之间的折算系数为 1.07，砖和砂浆的损耗率均为 1%，完成 $1m^3$ 砖砌体需耗水 $0.8m^3$，其他材料费占上述材料费的 2%。

（3）砂浆采用 400L 搅拌机现场搅拌，运料需 200s，装料需 50s，搅拌需 80s，卸料需 30s，不可避免的中断时间为 10s。搅拌机的投料系数为 0.65，机械利用系数为 0.8，机械幅度差系数为 15%。

（4）人工日工资单价为 26 元/工日，M5 水泥砂浆单价为 200 元/m^3，机砖单价为 220 元/千块，水为 1.2 元/m^3，400L 砂浆搅拌机台班单价为 180 元/台班。

问题：（1）确定砌筑 1m^3 一砖半砖墙的施工定额。

（2）确定 10m^3 一砖半砖墙的预算定额和预算单价。

解：（1）1m^3 一砖半砖墙砌筑施工定额的编制。

1）劳动定额的编制。

$$时间定额=\frac{15.5}{(1-3\%-3\%-2\%-16\%)\times 8}=2.55(工日)$$

$$产量定额=\frac{1}{时间定额}=\frac{1}{2.55}=0.392\ (m^3)$$

2）材料消耗定额的编制。

① 砖消耗量。

1m^3 砖墙砖的净用量可按式（4-12）计算：

$$1m^3砖墙砖的净用量=\frac{K}{(砖长+灰缝)\times(砖厚+灰缝)\times墙厚}(K=墙厚砖数\times 2)$$

$$1m^3一砖半砖墙砖的净用量=\frac{1.5\times 2}{(0.24+0.01)\times(0.053+0.01)\times 0.365}=522\ (块)$$

所以，砖的消耗量=522×（1+1%）=527（块）。

② 砂浆消耗量。

1m^3 一砖半砖墙的砂浆净用量=（1−522×0.24×0.115×0.053）×1.07=0.253（m^3）

1m^3 一砖半砖墙的砂浆消耗量=0.253×（1+1%）=0.256（m^3）

③ 水消耗量为 0.8m^3。

3）机械台班消耗定额的编制。

首先确定搅拌机循环一次所需时间：

由于运料时间大于装料、搅拌、出料和不可避免的时间之和，所以运料时间 200s>170s（50+80+30+10），所以，搅拌机循环一次所需时间为 200s。

搅拌机净工作一小时的生产率 N_h=60×60÷200×0.4×0.65=4.68（m^3）

搅拌机的台班产量定额= N_h ×8× K_B =4.68×8×0.8=29.95（m^3）

1m^3 一砖半砖墙砌筑搅拌机台班消耗量=0.256÷29.95=0.009（台班）

（2）预算定额及预算单价的编制。

1）10m^3 一砖半砖墙砌筑预算定额编制。

预算定额人工工日消耗量=（2.55+0.527×2.5÷8）×10×（1+10%）=29.85（工日）

综上，预算定额材料消耗量：砖 5.27 千块，砂浆 2.56m^3，水 8m^3。

预算定额机械台班消耗量=0.009×10×（1+15%）=0.104（台班）

2）10m^{3}一砖半砖墙砌筑预算单价的编制。

人工费=29.85×26=776.1（元）

材料费=（5.27×220+2.56×200+8×1.2）×（1+2%）=1 714.21（元）

机械费=0.104×180=18.72（元）

预算单价=776.1+1 714.21+18.72=2 509.03（元）

5.6　预算定额的使用方法

预算定额是编制施工图预算，办理工程款结算和竣工结算的依据。因此，工程预算人员一定要熟悉预算定额的内容、形式和使用方法，才能准确地搞好预算工作。

预算人员在依据图纸和规定的工程量计算规则计算工程量后，就得使用预算定额和预算基价来计算工程的人、材、机消耗量和工程造价，在套用预算定额时可能遇到如下三种情况。

5.6.1　预算定额的直接套用

当所计算的分项工程名称、规格和计量单位与预算定额表中所列内容完全一致，直接套用定额，即从单位估价表中找出与之相适应的项目编号，查出该项工程的单价。套单价要求准确、适用，否则，得出的人、材、机费用合计就会偏高或偏低。熟练的预算人员，往往在计算工程量划分项目时，就考虑到如何与定额项目相符合。如土方分土类别，混凝土要注明标号，混凝土柱按不同断面周长，混凝土板按不同厚度等分别计算，等等，以免在套价时在去查找图纸或重新计算。

【例 5-3】某办公楼工程中经计算 C20 钢筋混凝土（混凝土为现场搅拌）、断面周长为 1.8m 以外的矩形柱工程量为 96m^3，计算其预算工程费以及人工费、材料费和机械费。部分钢筋混凝土矩形柱的预算基价表如表 5-3 所示。

解：查预算基价表可知，所计算的混凝土矩形柱分项工程与 5-83 预算子目一致，因而，直接套用预算基价计算，如表 5-4 所示。

表 5-3　预算基价（1）

序号	定额编号	项目名称	单位	工程量	预算单价（元）	合　价	其中		
							人工费	材料费	机械费
1	5-83	断面周长 1.8m 外矩形钢筋混凝土柱 C20	$10m^3$	9.6	12 033.35	115 520.16	19 886.30	74 504.54	2 894.69

表 5-4　预算基价（2）

编号	项　目	单位	预算基价					人工		材料					机械
			总价	人工费	材料费	机械费	费用	综合工	其他人工费	水泥	沙子	石子 19~25	……	混凝土	
			元	元	元	元	元	工日	元	kg	t	t		m^3	
								26		0.31	58.45	49.40			
								1	2	3	4	5			
5-83	矩形柱断面周长 1.8m 以外 综合	$10m^3$	12 033.35	2 071.49	7 760.89	301.53	1 899.44	67.41	318.83	3 337.42	7.135	13.175	……	(10.15)	……
5-84	其中 模板		2 556.54	853.06	826.30	106.33	770.85	27.76	131.30						
5-85	其中 钢筋		5 879.38	553.44	4 688.76	110.59	526.59	18.01	85.18						
5-86	其中 C20 混凝土		3 597.43	664.99	2 245.83	84.61	602.00	21.64	102.35	3 337.42	7.135	13.175		(10.15)	

5.6.2　预算定额的换算套用

当所计算的分项工程设计与定额不完全相符，而定额规定允许换算时，要进行换算。

任何定额本身或估价表的编制，都是按照一般情况综合考虑的，存在缺项和不完全符合设计图纸的地方，因此，必须根据定额进行换算，即以某一分项定额为基础进行局部调整。预算定额的换算分几种情况，定额换算的基本思路是根据选定所预算定额项目的基价，按规定换入增加的费用，减少扣除的费用。

当施工图设计的工程项目内容，与选套的相应定额项目规定的内容、材料规格、施工方法等条件不相一致时，如果定额规定允许换算和调整，则在定额规定的范围内换算和调整，套换算后的定额项目。对换算后的定额项目编号后面右下角注明“换”字，以示区别，如 10-1 换。

1．混凝土强度等级换算法

定额换算的基本思想是根据选定的预算定额项目的基价，按规定换入增加的费用，换出减少的费用。依据这一思想，混凝土强度等级换算的特点是混凝土用量不变，人工费、机械费不变，只换算混凝土强度等级或骨料粒径。公式为

换算后的预算定额基价=预算基价+定额混凝土用量×（设计混凝土单价−定额单价）（5-32）

【例 5-4】如例 5-3，矩形柱的混凝土强度等级要求为 C25，求其预算基价。

C20 混凝土矩形柱（断面周长 1.8m）预算基价+（C25 混凝土材料合价−C20 混凝土材料合价）×10.15=12 033.35+（224.29−213.31）×10.15=12 144.80（元/m^3）

计算过程如表 5-5 所示。

表 5-5　换算套用

序号	定额编号	项目名称	单位	工程量	预算单价（元）	合　价	其　中		
							人工费	材料费	机械费
1	5-83换	断面周长 1.8m 外矩形钢筋混凝土柱 C20	10m^3	9.6	12 144.80	116 590.08	19 886.30	93 809.09	2 894.69

2. 工程量换算法

工程量的换算是依据建筑（装饰）工程预算的规定，将施工图设计的工程项目工程量乘以定额规定的调整系数，即

调整后的工程量=按设计图纸计算的工程量×定额规定的换算系数　（5-33）

3. 系数增减换算法

施工图设计的工程项目内容与定额规定的相应内容有的不完全相符，定额规定在其允许的范围内，采用系数增减换算法，调整定额基价或其中的人工费、机械费等。

4. 材料价格换算法

对于建筑材料（装饰）的“主材”市场价格与相应的预算价格不同而引起定额基价的变化时，可根据各地区市场价和信息资料或购入价在原定额预算基价的基础上换算。

5. 材料用量换算法

当施工图设计的工程项目的“主材”用量与定额规定的“主材”用量不同时，可以对基价进行调整。

6. 材料种类换算法

当施工图设计的工程项目内容中所采用的材料种类与定额规定种类不同而引起定额基价的变化时，定额规定必须进行换算。其换算的方法和步骤为：

（1）根据工程项目内容，从定额表中查出定额子目。

（2）查出调整前的基价，换出材料定额消耗量和相应的预算价格。

（3）计算换入材料定额计量单位消耗量，并查出相应市场价格。

（4）计算定额计量单位换入（换出）材料费。

换入材料费=换入材料市场价格×相应材料的定额单位消耗量　（5-34）

换出材料费=换出材料预算价格×相应材料的定额单位消耗量　（5-35）

（5）计算换算后的定额基价。

换算后的定额基价=定额基价+换入材料费−换出材料费　（5-36）

5.6.3 补充定额的编制

当所计算的分项工程与定额子目完全不一致，即由于施工图设计中某些工程项目采用了新结构、新构造、新材料和新工艺等原因，在编制预算定额时未列入而没有类似定额项目可以借鉴时，为确定工程的预算造价，需编制补充定额项目，报地方工程造价管理部门审批后执行。套用补充定额项目时，应在定额编号后注明“补”字，以示区别。

复习思考题

1．什么是预算定额?

2．预算定额与施工定额有何区别?

3．预算定额的作用有哪些?

4．人工消耗指标的内容及其确定方法是什么?

5．材料净用量、损耗量指标的确定方法是什么?

6．机械消耗指标的确定方法是什么?

7．人工、材料、机械台班单价的组成内容是什么?

8．人工、材料、机械台班单价的确定方法是什么?

9．根据建筑安装工程定额编制的原则，按平均先进水平编制的是（　　）。

A．预算定额　　B．企业定额

C．概算定额　　D．概算指标

10．对于施工周转材料，能计入材料定额消耗量的是（　　）。

A．一次使用量　　B．摊销量

C．净用量　　D．回收量

11．某袋装水泥原价为 350 元/t，供销部门手续费率为 4%，运杂费为 18 元/t，二次运输费为 5 元/t，运输损耗率为 1%，采购保管费率为 2%，则每吨水泥采购保管费为（　　）元。

A．7.71　　B．7.43

C．7.36　　D．7.00

12．某砖混结构墙体砌筑工程，完成10m^3砌体基本用工为13.5工日，辅助用工为2.0工日，超运距用工为1.5工日，人工幅度差系数为10%，则该砌筑工程预算定额中人工消耗量为（　　）工日/10m^3。

A．14.85　　B．17.52

C．18.70　　D．20.35

13．关于预算定额，以下表述正确的是（　　）。

A．预算定额是编制概算定额的基础

B．预算定额是以扩大的分部分项工程为对象编制的

C．预算定额是概算定额的扩大与合并

D．预算定额中人工工日消耗量的确定不考虑人工幅度差

14．某装修公司采购一批花岗石，运至施工现场。已知该花岗石出厂价为1 000元/m^2，由花岗石生产厂家业务员在施工现场推销并签订合同，包装费为4元/m^2，运杂费为30元/m^2，当地供销部门手续费率为1%，当地造价管理部门规定材料采购及保管的费率为1%。该花岗石的预算价格为（　　）元/m^2。

A．1 054.44　　B．1 034.00

C．1 054.68　　D．1 044.34

15．某建筑机械耐用总台班为2 000台班，使用寿命为7年，该机械预算价格为5万元，残值率为2%，银行贷款利率为5%，则该机械台班折旧费为（　　）元/台班。

A．24.50　　B．25.73

C．28.79　　D．29.40

16．某运输设备预算价格38元，年工作220台班，折旧年限8年，寿命期大修理2次，一次大修理费为3万元，$K=3$。该机械台班经常修理费为（　　）元/台班。

A．103.69　　B．102.27

C．98.36　　D．124.48

实训题

1．某建设项目一期工程基坑土方开挖任务委托给某机械化施工公司，该场地自然地坪

标高为–0.60m，基坑底标高为–3.10m，无地下水，基坑底面尺寸为20×40m^2，经甲方认可的施工方案为：放坡系数为1∶0.67，挖出土方量在现场附近堆放，挖土采用挖斗容量为0.75m^3的反铲挖掘机，75kW液压推土机配合推土（平均推运距离30m），为防止超挖和扰动基土，按开挖总量的20%作为人工清底、修边坡土方量。施工单位提交的预算书中的土方开挖预算单价为8 500.00元/1 000m^3。

甲方代表认为预算书中采用的土方预算单价与实际情况不符。经过协商决定通过现场实测的工日、机械台班消耗量、当地综合人工日工资标准（80.0元）和机械台班预算单价（反铲挖土机每台班800元，推土机每台班500元）确定每1 000m^3土方开挖的预算单价，实测数据如下：

（1）反铲挖土机净工作1小时的生产率为56m^3，机械时间利用系数为0.8，机械幅度差系数为25%。

（2）推土机净工作1小时的生产率为92m^3，机械时间利用系数为0.85，机械幅度差系数为20%。

（3）人工连续作业挖1m^3土方需基本工作时间90分钟，辅助工作时间、准备与结束工作时间、不可避免的中断时间、休息时间分别占工作延续时间的2%、2%、1.5%和20.5%，人工幅度差系数为10%。

在挖土机、推土机作业时，需要人工配合工日按平均每台班1个工日计。试计算出土方工程的预算单价（每1 000m^3）。

第6章 概算定额和概算指标

学习目标

☑ 一般训练对概算定额、概算指标概念的理解与领会能力

☑ 一般训练对概算定额、概算指标的内容和形式的理解与把握能力

☑ 重点训练对概算定额、概算指标的编制原则和依据的认知与领会能力

☑ 重点训练对概算定额、概算指标的编制步骤和方法的理解能力

6.1 概算定额和概算指标概述

6.1.1 概算定额、概算指标的概念和作用

1. 概算定额的概念和作用

确定完成合格的单位扩大分项工程或单位扩大结构件所需消耗的人工、材料和机械台班的数量限额叫做概算定额。概算定额又称作“扩大结构定额”或“综合预算定额”。概算定额是设计单位在初步设计阶段或扩大初步设计阶段确定工程造价，编制设计概算的依据。

概算定额是在预算定额基础上编制的。它将预算定额中的有联系的若干个分项工程项目综合为一个概算定额项目。例如砖基础概算定额项目，就是以砖基础为主，综合了平整场地、挖地槽（坑）、铺设垫层、砌砖基础、铺设防潮层、回填土及运土等预算定额中的分项工程项目。又如砖墙定额，就是以砖墙为主，综合了砌砖，钢筋砼过梁制作、运输、安装、勒脚，内外墙面抹灰，内外墙刷白等预算定额的分项工程项目。

定额的计量应与定额项目的内容相适应，要能确切地反映各分项工程产品的形态特征与实际数量，并便于使用和计算。计量单位一般根据分项工程或结构构件的特征及变化规律来确定。当物体的断面形状一定而长度不一定时，宜采用 m 为计量单位，如木装饰、落水管等；当物体有一定的厚度而长和宽变化不定时，宜采用 m^2 为计量单位，如楼地面、墙面抹灰、屋面等；当物体的长、宽、高均变化不定时，宜采用 m^3 为计量单位，如土方、砖石、砼及钢筋砼工程等；有的分项工程虽然长、宽和高都变化不大，但重量和价格差异却很大，这时宜采用 t 或 kg 为计量单位，如金属构件的制作、运输及安装等。

概算定额与预算定额，都属于计价定额。不同的是在项目划分和综合扩大程度上存在差异，以适应工程建设不同阶段的计价要求。概算定额的主要作用如下：

（1）概算定额是初步设计阶段编制建设项目概算和技术设计阶段编制修正概算的依据。

（2）概算定额是编制主要材料需要量的计算基础。根据概算定额所列材料消耗指标计算工程用料数量，可在施工图设计之前提出供应计划，为材料的采购、供应做好准备。

（3）概算定额是编制概算指标和投资估算指标的依据。

（4）概算定额可以作为编制招标标底、投标报价的依据。

（5）概算定额可以作为总承包工程结算已完工程价款的依据。

表 6-1 所示为块料面层地面概算定额实例。

表 6-1　块料面层地面概算定额实例

概算定额编号	6-46
项　　目	缸砖地面
	水泥砂浆结合
	不带砾石灌浆层
基价（元）	2 036

续表

其中	人工费（元）			152	
	材料费（元）			1 867	
	机械费（元）			17	
定额编号	综合项目	单位	单价	数量	合价
1-56	平整场地	100m^2	15.94	1.500	23.91
1-54	室内夯填土	100m^3	46.20	0.210	9.70
8-12 换	砾石灌浆层	10m^3	300.47	—	—
8-14 换	垫层	10m^3	444.39	0.600	266.63
8-108 换	缸砖面层砂浆结合	100m^2	1 516.64	1.000	1 516.64
8-108 换	陶土板面层砂浆结合	100m^2	1 880.42	—	—
8-107 换	缸砖面层马蹄脂结合	100m^2	1 634.51	—	—
8-107 换	陶土板面层马蹄脂结合	100m^2	1 998.29	—	—
8-72/73 换	水泥砂浆找平	100m^2	99.75	—	—
11-95 换	缸砖踢脚	100m^2	1 622.81	0.135	219.08
11-95 换	陶土板踢脚	100m^2	1 983.69	—	—
人工及主要材料					
	合计工	工日	—	63.85	
	水泥	t	—	2.905	
	沙子	m^3	—	7.18	
	砾石	m^3	—	4.79	
	石灰	t	—	0.028	
	石油沥青	t	—	—	
	缸砖 150×150×15	千块	—	4.973	
	陶土板	千块	—	—	

2. 概算指标的概念和作用

概算指标通常是以整个建筑物和构筑物为对象，以建筑面积、体积或成套设备装置的台或组为计量单位而规定的人工、材料、机械台班的消耗量标准和造价指标。

概算指标和概算定额、预算定额一样，都是与各个设计阶段相适应的多次性计价的产物。其作用主要有：

（1）概算指标可以作为编制投资估算的参考。

（2）概算指标是初步设计阶段编制工程概算的依据。

（3）概算指标中的主要材料指标可以作为计算主要材料用量的依据。

（4）概算指标是设计单位进行设计方案比较，建设单位选址的一种依据。

（5）概算指标是编制固定资产投资计划，确定投资额和主要材料计划的主要依据。

6.1.2　概算定额、概算指标的内容和形式

1. 概算定额的内容和形式

概算定额的内容基本由文字说明与定额项目表和附录组成，其表现形式由于专业特点和地区特点有所不同而存在差异。

概算定额的文字说明中有总说明、分章说明，有的还有分册说明。在总说明中要说明编制的目的和依据，包括的内容和用途、使用的范围和应遵守的规定，建筑面积计算规则。分章说明中规定了分部分项工程的工程量计算规则，定额子项包括的内容等。

例如，概算定额中预制钢筋混凝土矩形梁项目，综合了预制钢筋混凝土矩形梁模板、钢筋调整、安装、混凝土制备、运输、浇注、抹压成型、梁粉刷等相关工作内容，规定人工、材料、机械台班耗用量。

又如，概算定额中块料地面工程项目，综合了平整场地、室内夯填土、砾石灌浆基层、混凝土垫层、结合层、块料面层、踏脚线等工作内容，规定人工、材料、机械台班耗用量。

2. 概算指标的内容和形式

概算指标可分为两大类，一类是建筑工程概算指标，另一类是安装工程概算指标。

概算指标在具体内容的表示方法上，分综合概算指标和单项概算指标两种形式。

（1）综合概算指标。综合概算指标是按照工业或民用建筑及其结构类型而制定的概算指标。综合概算指标的概括性较大，其准确性、针对性不如单项概算指标。

（2）单项概算指标。单项概算指标是指为某种建筑物或构筑物而编制的概算指标。单

项概算指标的针对性较强，故指标中对工程结构形式要做介绍。只要工程项目的结构形式及工程内容与单项概算指标中的工程概况相吻合，编制出的设计概算就比较准确。

概算定额与概算指标内容上的主要区别如表 6-2 所示。

表 6-2　概算定额与概算指标的区别

	概算定额	概算指标
确定各种消耗量指标的对象不同	以单位扩大分项工程或单位扩大结构构件为对象	以整个建筑物（如 $100m^2$ 或 $1\ 000m^2$ 建筑物）和构筑物等为对象
确定各种消耗量指标的依据不同	以现行预算定额为基础，通过计算之后综合确定出各种消耗量指标	主要来自各种预算或结算资料

6.2　概算定额和概算指标的编制

6.2.1　概算定额和概算指标的编制原则和依据

由于概算定额和概算指标都是工程计价的依据，所以应符合价值规律和反映现阶段生产力水平，概算定额和概算指标的编制应该贯彻社会平均水平和简明适用的原则。

另外，在概算定额、概算指标和预算定额水平之间存在着必要的幅度差，并在概算定额、概算指标的编制过程中严格控制。

概算定额和概算指标的编制依据主要包括：

（1）标准设计图纸和各类工程典型设计。

（2）国家颁发的建筑标准、设计规范、施工规范等。

（3）各类工程造价资料。

（4）国家基础定额、全国建筑安装工程统一劳动定额、现行的本地区概算定额、预算定额及补充定额等。

（5）人工工资标准、材料预算价格、机械台班预算价格及其他价格资料。

概算指标的应用比概算定额具有更大的灵活性，由于它是一种综合性很强的指标，不可能与拟建工程的建筑特征、结构特征、自然条件、施工条件完全一致。因此，在选用概算指标时要十分慎重，选用的指标与设计对象在各个方面应尽量一致或接近，不一致的地方要进行换算，以提高准确性。

概算指标的应用一般有两种情况。

（1）如果设计对象的结构特征与概算指标一致，可以直接套用。

（2）如果设计对象的结构特征与概算指标的规定局部不同，要对指标的局部内容进行调整后再套用。

用概算指标编制工程概算，工程量的计算工作很小，也节省了大量的定额套用和工料分析工作，因此比用概算定额编制工程概算的速度要快，但是准确性差一些。

6.2.2　概算定额和概算指标的编制步骤和方法

1. 编制步骤

概算定额（概算指标）的编制一般分为三个阶段：准备阶段、编制阶段、审查报批阶段。

（1）准备阶段。主要是确定编制机构和人员组成，进行调查研究，了解现行概算定额执行情况与存在问题，编制范围。在此基础上制定概算定额的编制细则、概算定额项目划分和工程量计算规则。在此基础上制定概算定额（概算指标）的编制目的、编制计划和概算定额（概算指标）项目划分。

（2）编制阶段。对收集到的设计图纸、资料进行细致的测算和分析，根据已制定的编制细则、定额项目划分和工程量计算规则，编制概算定额（概算指标）初稿。将概算定额（概算指标）总水平与预算定额水平比较，控制在允许的幅度差之内，以保证二者在水平上的一致性。如果概算定额与预算定额水平差距较大，则需对概算定额水平进行必要的调整。

概算定额表组成应包括概算基价、人工费、材料费、机械费、人工及主要材料消耗量。

定额中分为章、节、项目三级。一般章编号以中文第一、第二章等表示，连同章名称列章的首页；节编号可以以中文第一、第二节等表示，也可以以阿拉伯数字 1，2 和 3 等表示，连同节名称列在表上，项目编码（定额编号）按章与项目，以 1-1 和 1-2 等表示列在定额表内，项目编号按章分别顺序排列。

例如，北京市建设工程概算定额的编排形式如表 6-3 所示。

表 6-3　北京市建设工程概算定额的编排形式（节选）

定额编号					2-1	2-2	2-3
项　目					机砖外墙		
					240mm	360mm	490mm
概算基价（元）					102.79	161.62	223.70
其中		人工费（元）			16.68	24.39	32.03
		材料费（元）			84.33	134.57	188.19
		机械费（元）			1.78	2.66	3.48
主要工程量		砌体（m^3）			0.189	0.274	0.349
		预拌混凝土（m^3）			0.046	0.084	0.130
名　称			单　位	单价（元）	消 耗 量		
人工	82000	综合工日	工日元	—	0.501	0.734	0.964
	82013	其他人工费		—	0.590	0.930	1.290
材料	01001	钢筋ϕ10 以内	kg	3.45	2.050	3.075	4.100
	01002	钢筋ϕ10 以外	kg	3.55	5.125	9.225	14.350
	04001	机砖	块	0.29	96.390	139.740	177.990
	39009	过梁	m^3	823.000	0.005	0.008	0.010
	40008	C25 预拌混凝土	m^3	295.000	0.046	0.084	0.130
	81071	M5 水泥砂浆	m^3	169.380	0.050	0.073	0.093
	84012	钢筋成型加工及运费ϕ10 以内	kg	0.146	2.050	3.075	4.100
	84013	钢筋成型加工及运费ϕ10 以内	kg	0.109	5.125	9.225	14.350
	84017	材料费	元	—	1.620	2.130	2.630
	84018	模板租赁费	元	—	0.440	0.510	0.590
	84004	其他材料费	元	—	2.040	2.860	3.770
机械	84016	机械费	元	—	0.640	0.910	1.110
	84023	其他机具费	元	—	1.140	1.750	2.370

注：① 砌砖和砌块墙包括过梁、圈梁、构造柱（含混凝土、模板、钢筋及预制混凝土构件运输）、钢筋混凝土加固带、加固筋等。

② 表 6-3 为 2004 年北京市建设工程概算定额，第一分册《建筑工程》，第二章墙体工程的第一节砖墙、块墙及砖柱部分节选。

（3）审查报批阶段。在征求意见修改之后形成报批稿，经批准之后交付印刷。

2. 编制方法

编制概算定额和概算指标一般遵循如下方法：

（1）计算典型工程工程量指标。首先要根据选择好的设计图纸，计算出每一结构构件或分部工程的工程数量。

工程量指标是概算定额、概算指标中的重要内容，它详尽地说明了建筑物的结构特征，同时也规定了概算定额、概算指标的适用范围。所以，计算标准设计和典型设计的工程量，是编制概算定额、概算指标的重要环节。

（2）确定人工、材料和机械的消耗量。确定的方法是按照所选择的设计图纸，各类价格资料，编制概算定额时需要依据现行的预算定额，编制概算指标时则依据现行的概算定额，编制单位工程预算或概算，并将各种人工、材料和机械的消耗量汇总，计算出人工、材料和机械的总用量。

（3）计算单位造价。最后再计算出 $1m^2$ 建筑面积和 $1m^3$ 建筑物体积的单位造价，计算出该计量单位所需要的主要人工、材料和机械实物消耗量指标，次要人工、材料和机械的消耗量，综合为其他人工、其他机械、其他材料，用金额“元”表示。

复习思考题

1. 什么是概算定额？概算定额的作用是什么？
2. 概算定额包括什么内容？有何表现形式？
3. 编制概算定额的原则和依据是什么？
4. 概算定额的编制步骤是什么？概算定额和概算指标的编制方法是什么？
5. 什么是概算指标？概算指标的作用是什么？有何表现形式？

6．某砖混结构典型工程，其建筑体积为 600m^3，毛石带型基础工程量为 72m^3，根据概算定额，10m^{3}毛石带型基础需砌石工为 7.0 工日，该单位工程无其他砌石工，则 1 000m^{3}类似建筑工程需砌石工为（　　）工日。

A．84　　　　B．50.4

C．30.24　　　　D．28

第 7 章　企业定额

学习目标

☑ 一般训练对企业定额概念、性质、作用的理解领会能力

☑ 一般训练对企业定额编制原则的理解把握能力

☑ 重点训练对企业定额编制步骤、依据和编制方法的认知能力

7.1　企业定额的概念和作用

7.1.1　企业定额的概念

《建筑工程施工发包与承包计价管理办法》(中华人民共和国住建部令第 16 号)第十条规定:“投标报价应当依据工程量清单、工程计价有关规定、企业定额和市场价格信息等编制。”《建设工程工程量清单计价规范》(GB 50500—2013)术语部分给出的企业定额的解释为:“施工企业根据本企业的施工技术、机械装备和管理水平而编制的人工、材料和施工机械台班等的消耗量标准。”

企业内部定额是根据企业自身特点、技术专长、施工机械装备程度、材料来源和价格

情况、内部管理水平等因素，确定的单位合格分部分项工程（或扩大结构构件）所需消耗的各种人工、材料、机械的数量标准或最低消耗量，以及正常施工所需的各项措施费用和管理费用的合理标准。企业内部定额由企业自行编制、审查、批准、颁发，并在该企业贯彻执行。企业定额只在企业内部使用，是企业素质的一个标志。企业定额水平一般应高于国家现行定额，这样才能满足生产技术发展、企业管理和市场竞争的需要。

企业定额反映企业的施工生产与生产消费之间的数量关系，不仅体现企业个别的劳动生产率和技术装备水平，同时也是衡量企业管理水平的标尺，是企业加强集约经营、精细管理的前提和主要手段。在工程量清单计价模式下，每个企业均应拥有反映自己企业能力的企业定额。企业定额的定额水平与企业的技术和管理水平相适应，企业的技术和管理水平不同，企业定额的定额水平也就不同。

在市场经济条件下，国家、行业或地方政府部门编制的定额，主要是起宏观管理和指导性作用；企业定额是建筑企业生产与经营活动的基础，地位更为重要。企业定额反映本企业在完成合格产品过程中必须消耗的人、材、机的数量标准，反映企业的技术水平和管理水平。按企业定额计算出的工程费用是本企业生产和经营中所需支出的成本，因此，从某种意义上说，企业定额是本企业的“商业秘密”。

7.1.2　企业定额的作用

1．企业定额是施工企业进行建设工程投标报价的重要依据

自2003年7月1日起，我国开始实行《建设工程工程量清单计价规范》。要求各投标企业必须通过能综合反映企业的施工技术、管理水平、机械设备工艺能力、工人操作能力的企业定额来进行投标报价。

企业定额反映的是企业的生产力水平、管理水平和市场竞争力。按照企业定额计算出的工程费用是企业生产和经营所需的实际成本。在投标过程中，企业首先按本企业的企业定额计算出完成拟投标工程的成本，在此基础上考虑预期利润和可能的工程风险费用，制定出建设工程项目的投标报价。由此可见，企业定额是形成企业个别成本的基础。建筑企业应非常重视企业定额的编制和管理，做好本企业工程估价数据和数据库的建立与管理工作。

2. 企业定额是计划管理的依据

企业定额是企业编制施工组织设计的依据，是编制施工作业计划的依据，也是制定人、材、机消耗计划的依据。

3. 企业定额是促进施工管理水平和生产力水平提高的有效手段

企业定额是施工管理的有效手段，通过企业定额来衡量完成单位合格产品的人工、材料和施工机械台班的消耗量，以及其他生产经营要素消耗的数量。只有促进施工管理水平和生产力水平的不断提高，才能达到降低成本，提高效率的目的。

4. 企业定额是促进推广先进技术和鼓励创新的有效工具

各个建筑施工企业要想在竞争中获胜，只有不断进行管理创新和技术创新，才能不断提高施工技术水平和管理水平，降低人材机消耗。因此，企业定额实际上也就成为企业推动技术和管理创新的一种重要手段。

5. 企业定额的建立和应用可以规范建筑市场秩序和发包承包行为

企业定额的应用，促使企业在市场竞争中按实际消耗水平报价，谋求价、质量、工期、信誉的优化，使企业走向良性循环的发展道路。同时也可以促进“无标底招标”模式的健康发展，避免业主在招标中的腐败行为。

7.2 企业定额的编制

7.2.1 企业定额的编制原则

1. 平均先进水平原则

平均先进水平是指在正常的施工条件下，建筑施工企业大多数施工队组和大多数工人经过努力能够达到和超过的人工、材料、施工机械台班的消耗水平。低于企业先进水平而高于企业平均水平。这种水平可以使先进者具有动力，有努力向上并超过定额水平的信心；使中间者具有压力，有可望达到定额水平的信心；不迁就落后者，要求他们花大力气提高技术操作水平，珍惜劳动时间，节约材料和机械台班消耗，树立尽全力达到定额要求的决心。具有平均先进水平的企业定额可以鼓励先进，勉励中间，鞭策落后。

2. 简明适用原则

在保证定额消耗合理的前提下，企业定额项目划分要粗细恰当、简单明了，在内容和形式上都应具有适用性和可操作性，便于掌握，有利于投标报价，有利于计算机应用软件的开发和应用。

3. “四个统一”原则

建筑施工企业在投标报价时，必须遵守工程量清单计价规范。因此，企业定额要与工程量清单计价规范相呼应，在统一的项目编码、项目划分、项目名称、计量单位及统一的工程量计算规则的原则下编制。

7.2.2 企业定额的编制依据与编制步骤

1. 企业定额的编制依据

企业定额的编制依据主要有全国统一劳动定额；地方（或行业）预算定额；工程量清单计价规范，现行的设计规范、施工验收规范、质量评定标准和安全操作规程；典型施工图纸及有关标准图集；新技术、新结构、新材料、新工艺方面的资料；科学实验、技术测定各种统计数据及典型工程正反两方面的经验资料；施工组织设计或施工方案；市场材料信息单价表、企业人工工资单价表、企业施工机械台班单价表；材料运输、材料采购、材料保管等有关规定；工程建设和工程造价有关政策和文件。

2. 企业定额的编制步骤

企业定额编制步骤可总结如下：

第一阶段，准备工作阶段，任务包括拟定编制方案，抽调人员筹组班子。

第二阶段，搜集资料阶段，主要任务包括普通搜集资料，专题搜集资料，现行规定搜集，积累资料搜集和专项查定及科学试验五项。

第三阶段，定额编制阶段，主要任务包括确定编制细则，确定项目划分及工程量计算规则，定额消耗量的计算、复核和测算三项。

第四阶段，审核定稿阶段，主要任务包括审核定稿，撰写编制说明，立档成卷。

企业定额成卷后，即可投入试用，同时收集有关意见和建议，必要时进行修订，逐步完善施工企业定额。

7.2.3　企业定额的编制内容和方法

1．企业定额的编制内容

从表现形式上看，企业定额的编制内容包括编制方案、总说明、工程量计算规则、定额项目划分、定额水平的测定（工、料、机消耗水平和管理费的测算和制定）、定额水平的测算（类似工程的对比测算）、定额编制基础资料的整理归类和编写。

企业定额应包括：

（1）工程实体消耗定额，即确定完成单位合格分部分项工程实体所需的人、材、机的定额消耗量。

（2）措施项目消耗定额，即有助于工程实体形成的临时设施、技术措施等项目的定额消耗量。

（3）费用定额、计价程序、有关规定及相关说明等。

2．企业定额的编制方法

编制企业定额的方法很多，概括起来，主要有以现行定额为蓝本定额的修编法、经验统计法、现场观察测定法、理论计算法等。这些方法各有优缺点，它们不是绝对独立的，实际工作过程中可以结合起来使用，互为补充，互为验证。企业应根据实际需要，确定适合自己的方法体系。

编制工程实体消耗定额时应参考已有的全国（地区）定额、行业定额，考虑工程量清单计价规范的要求，同时兼顾企业各方面的实际情况，利用在建和完工项目的数据，运用抽样统计的方法，对有关项目的消耗数据进行统计测算，必要时结合理论计算与现场观察测定，最终形成企业定额消耗数据，为编制切实可行、实事求是的企业定额打下基础。

人工消耗量应根据技术测定法、比较类推法等，结合本企业完成同类工序的实际耗用工时统计资料、目前本企业工人的实际操作水平等进行确定。材料消耗量包括施工材料的净消耗量和施工损耗，分为实体性材料消耗量和周转性材料消耗量两类。

实体性材料消耗量可利用现场技术测定法、现场统计法、实验室法、理论计算法等方法确定。周转性材料消耗量应按多次使用、分次摊销的办法确定。同时，应根据对企业历史资料（包括在建和完工项目的资料数据）的统计与分析结果，对实体性材料消耗量和周转性消耗量进行修正。

确定机械消耗量时，施工机械正常的施工条件、施工机械净工作1小时的正常生产率、施工机械正常利用系数可根据本企业施工组织设计、施工方案等历史统计资料中机械的实际使用情况确定。对于租赁机械的台班单价，应根据机械的租赁市场价格综合确定。

措施性消耗定额应根据建筑市场竞争情况和本企业的施工组织设计与施工方案等统计资料分析确定。由计费规则、计价程序、有关规定、相关说明组成的编制规定，企业应根据经济政策、劳动制度、技术、经济依据等进行编制。

企业费用定额以企业费用支出的实际情况按照一定的方法进行编制，也可以以地方费用定额为蓝本结合企业实际修编。

复习思考题

1. 什么是企业定额？
2. 企业定额的编制依据有哪些？
3. 企业定额应如何制定？

第8章 费用定额

学习目标

☑ 一般训练对费用定额的编制依据和原则的理解把握能力

☑ 重点训练对工程建设其他费用定额编制方法的认知与领会能力

☑ 重点训练对工程措施项目费用定额编制方法的认知与领会能力

☑ 重点训练对管理费定额编制方法的认知与领会能力

8.1 费用定额概述

8.1.1 我国现行工程造价和费用定额的组成

1. 我国现行工程造价的组成

我国现行的建设工程造价的构成主要划分为建筑安装工程费，设备及工、器具购置费，工程建设其他费用，预备费，建设期贷款利息，固定资产投资方向调节税。

（1）建筑安装工程费。

1）按照费用构成要素划分，由人工费、材料（包含工程设备）费、施工机具使用费、企业管理费、利润、规费和税金组成。其中：企业管理费是指建筑安装企业组织施工生产和经营管理所需的费用；利润是指施工企业完成所承包工程获得的赢利。

2）按照工程造价形成由分部分项工程费、措施项目费、其他项目费、规费、税金组成。其中：措施项目费是指为完成建设工程施工，发生于该工程施工前和施工过程中的技术、生活、安全、环境保护等方面的费用；规费是指按国家法律、法规规定，由省级政府和省级有关权力部门规定必须缴纳或计取的费用，简称规费；税金是指国家税法规定的应计入建筑安装工程费用的营业税、城市维护建设税、教育费附加以及地方教育费附加。具体内容参见本系列规划教材《工程计量与计价》一书。

（2）设备及工、器具购置费。由设备购置费和工具、器具及生产家具购置费组成的。可以通过询价计算等手段确定。具体内容参见本系列规划教材《工程计量与计价》一书。

（3）工程建设其他费。指从工程筹建起到工程竣工验收交付使用止的整个建设期间，除建筑安装工程费用和设备及工、器具购置费用以外的，为保证工程建设顺利完成和交付使用后能够正常发挥效用而发生的各项费用。

（4）预备费。按我国现行规定，预备费包括基本预备费和涨价预备费。

1）基本预备费是指在初步设计及概算内难以预料的工程费用。基本预备费是按设备及工器具购置费、建筑安装工程费用和工程建设其他费用三者之和为计取基础，乘以基本预备费费率进行计算。

2）涨价预备费是指建设项目在建设期间由于价格等变化引起工程造价变化的预测预留费用。费用内容包括人工、设备、材料、施工机械的价差费，建筑安装工程费及工程建设其他费用调整，利率、汇率调整等增加的费用。涨价预备费的计算参见本系列规划教材《工程计量与计价》一书。

（5）建设期贷款利息。包括向国内银行和其他非银行金融机构贷款、出口信贷、外国政府贷款、国际商业银行贷款以及在境内外发行的债券等在建设期间内应偿还的借款利息。可以根据银行的有关规定进行计算。

（6）固定资产投资方向调节税。它是为了贯彻国家产业政策，控制投资规模，引导投资方向，调整投资结构，加强重点建设，促进国民经济持续、稳定、协调发展，而对在我国境内进行固定资产投资的单位和个人征收的税种，简称投资方向调节税。投资方向调节税根据国家产业政策和项目经济规模实行差别税率，税率为0%、5%、10%、15%、30%五个档次。

2. 费用定额的组成

费用定额是按照现行工程造价构成规定计算工程造价时配合预算定额、概算定额等计价性定额使用的一种定额或计费标准。

工程造价组成中除人、材、机费用和设备、工器具购置费，建设期贷款利息以及预备费外的其他各项费用均需要按照一定的标准即费用定额进行计算。因此，费用定额包括工程建设其他费用定额、管理费定额、施工措施项目费用定额、利润定额和税金定额等。

建筑安装工程费计算所需要的费用定额如措施费定额、管理费定额、利润定额，部分省市主管部门根据当地的建筑市场具体情况，经过测算，给出了参考费率，以代替定额计价体系下的费用定额，与预算定额配套使用，所规定的各项费用是这些费用所能计取的最高限额。在市场经济条件下，建筑施工企业应根据自身的实际情况，编制自己的费用定额，以适应竞争的需要。

8.1.2 费用定额的编制原则和依据

1. 编制原则

费用定额是编制工程造价文件的重要依据，它的合理性和准确性直接关系到工程造价确定的准确性。为此，编制费用定额时，必须遵循下述原则。

（1）必须按照社会必要劳动量确定定额水平的原则。根据社会必要劳动量规律的要求，按照中等企业开支水平编制费用定额，保证大多数企业在生产经营、组织和管理生产中所必需的各种费用。合理地确定定额水平，关系到定额能否在生产组织管理中发挥作用。在确定费用定额时，必须及时准确地反映企业的施工管理水平，同时也应考虑材料预算价格上涨，定额人工费的变化对费用定额中有关费用支出发生变化的因素。各项费用开支标准应符合国务院、财政部、人力资源和社会保障部及各省、自治区、直辖市人民政府的有关规定。

（2）简明、适用的原则。为了加速工程造价文件的编制，便于计划管理和经济核算，必须结合工程特点，制定费用定额，以满足施工生产的需要。同时每一定额中还应当有分项，以便控制开支。在满足使用要求的前提下编制管理费用定额还应该贯彻简单方便的原则。

（3）灵活性和准确性原则。费用定额在编制过程中，一定要充分考虑可能影响工程造价的不利因素。要充分对施工现场中的各种因素进行定性、定量的分析，从而在研究后制定出合理的费用标准。在编制时，要本着增产节约的原则，在满足施工生产和经营管理的基础上，尽量压缩非生产人员和非生产用工，以节约企业管理费的有关费用支出。

（4）定性与定量相结合的原则。工程建设其他费用属建设项目或单项工程从筹建至竣工验收交付使用过程中应在固定资产投资中列支，又不宜列入建筑、安装工程费中人材机费用项下的费用。由于不同建设项目在产品对象、使用功能、建设规模、标准、厂址选择、交通运输、燃动力、设备材料供应、劳动定员、建设工期、资金筹措等方面存在较大差异，因而其开支水平相差悬殊，难以对费用定额量化。

因此，长期以来费用定额的编制一直遵循定性与定量相结合的基本原则。由主管部门制定费用编制办法，对适于定量的费用项目规定开支标准，不能定量的费用项目制定计算办法，便于在确定投资时，根据建设项目具体情况，因地制宜地逐项计算，列入项目投资估算和概算。经批准后对建设项目实施全过程中的费用进行控制。

2．编制依据

由于我国各地区投资水平相差悬殊，所以费用定额的编制依据在各地区也不尽相同。但均以国家相关规定作为主要编制依据，辅以按各地区规定制定的相应标准。具体编制依据如下：

（1）国家相关部门颁布的建筑安装工程基础定额。

（2）建设部、财政部等部门颁布的投资建设单位、建筑施工企业财务制度的相关规定。

（3）建设部规定的投资建设相关税费缴纳标准。

（4）国家相关部门规定的进口设备购置过程中发生的相关税费。

（5）各地编制的本地区预算定额（含单位估价表）。

8.2　工程建设其他费用定额

8.2.1　土地使用费

1．农用土地征用费

农用土地征用费按被征用土地的原用途给予补偿，其内容包括土地补偿费、安置补助费、土地投资补偿费、土地管理费和耕地占用费等。

征用耕地的补偿费用包括土地补偿费、安置补助费以及地上附着物和青苗补偿费。编制方法为：

（1）征用耕地的土地补偿费按照该耕地被征用前三年平均年产值的 6～10 倍计算。

（2）征用耕地的安置补助费按照需要安置的农业人口数计算。需要安置的农业人口数，按照被征用的耕地数量除以征地前被征用单位平均每人占有耕地的数量计算。每个需要安置的农业人口的安置补助费标准，为该耕地被征用前三年平均产值的 4～6 倍。但是，每公顷被征用耕地的安置补助费，最高不得超过被征用前三年平均产值的 15 倍。

征用其他土地的土地补偿费和安置补助费标准，由省、自治区、直辖市参照征用耕地的土地补偿费和安置补助费标准规定。

（3）征用耕地上的附着物和青苗补偿费标准，由省、自治区、直辖市规定。

（4）征用城市郊区的菜地，用地单位应当按照国家有关规定缴纳新菜地开发建设基金。

2．取得国有土地使用费

取得国有土地使用费包括土地使用权出让金、城市建设配套费、拆迁补偿与临时安置补助费。

（1）土地使用权出让金是指建设工程项目通过土地使用权出让方式，取得有限期的土地使用权，依照《中华人民共和国城镇国有土地使用权出让和转让暂行条例》规定，支付的土地使用权出让金。

（2）城市建设配套费是指因进行城市公共设施的建设而分摊的费用。

（3）拆迁补偿与临时安置补助费。拆迁补偿费是指拆迁人对被拆迁人，按照有关规定予以补偿所需的费用。拆迁补偿的形式可分为产权调换和货币补偿两种形式。在过渡期内，被拆迁人或者房屋承租人自行安排住处的，拆迁人应当支付临时安置补助费。

8.2.2 与项目建设有关的费用

1. 建设管理费

建设管理费是指建设单位从建设项目立项、筹建、建设、联合试运转，到竣工验收交付使用为止发生的项目建设管理费用，包括建设单位管理费、工程监理费和工程质量监督费。

（1）建设单位管理费包括工作人员的基本工资，工资性补贴，职工福利费，施工现场津贴，住房基金，基本养老保险，基本医疗保险，失业保险，工伤保险，办公费，差旅交通费，劳动保护费，工具用具使用费，固定资产使用费，所备的办公设备、生活家具、用具、交通工具及通信设备等购置费用，工会经费，职工教育经费，技术图书资料费，生产人员招募费，工程招标费，合同契约公证费，工程咨询费，法律顾问费，审计费，业务招待费，排污费，竣工交付使用清理及竣工验收费，印花税及其他管理性质的开支，以及如果工程采用总承包方式时的总承包服务费。

建设单位管理费=工程费用×建设单位管理费费率　　（8-1）

按《财政部关于印发〈基本建设财务管理规定〉的通知》（财建［2002］394号文件）规定，建设单位管理费总额控制数以项目审批部门批准的项目投资总概算为基数，并按投资总概算的不同规模分档计算。费率如表8-1所示。

表8-1　建设单位管理费费率

序　号	建设总投资（万元）	计算基础	费用指标（%）
1	1 000 以下	工程总概算	1.5
2	1 001 ~ 5 000		1.2
3	5 001 ~ 10 000		1.0
4	10 001 ~ 50 000		0.8
5	50 001 ~ 100 000		0.5
6	100 001 ~ 200 000		0.2
7	200 000 以上		0.1

改、扩建项目可按不超过新建项目指标的 60%计算。三资企业可视项目需要，适当提高指标费率。

（2）工程监理费是指建设单位委托工程监理单位实施工程监理的费用。建设单位委托工程监理单位实施的工程监理工作属于建设管理范畴。采用工程监理的，建设单位的部分管理工作量转移至工程监理单位。监理费应根据委托监理工作量在监理合同中商定，或参照有关部门的有关规定计算。依照《国家发展改革委、建设部关于印发〈建设工程监理与相关服务收费管理规定〉的通知》（发改价格［2007］670 号）规定，根据委托监理业务范围、深度和工作性质、规模、难易程度以及工作条件等情况，计收监理费用。

（3）工程质量监督费是指工程质量监督检验部门检验工程质量而收取的费用。

2．可行性研究费

可行性研究费是指在工程建设前期完成项目建议书和可行性研究报告的编制工作所需的费用。

可行性研究费依据委托的具体任务在委托合同中商定，或参照《国家计委关于印发〈建设工程项目前期工作咨询收费暂行规定〉的通知》（计价格［1999］1283 号）规定计算。

3．研究试验费

研究试验费是指为建设项目提供和验证设计参数、数据、资料等所进行的必要的试验费用，以及设计规定在施工中必须进行试验、验证所需的费用，包括自行或委托其他部门研究试验所需人工费、材料费、试验设备及仪器使用费等。这项费用按照研究试验的内容和要求计算。

4．勘察设计费

勘察设计费是指委托工程勘察设计单位进行工程水文、地质勘察以及进行工程设计所需要的各项费用。

勘察设计费依据勘察设计任务在委托合同中商定，或参照《国家计委、建设部关于发布〈工程勘察设计收费管理规定〉的通知》（计价格［2002］10 号）规定计算。

（1）设计费。应按国家颁发的工程设计收费标准编制。有设计合同的按合同规定编制。

（2）勘察费。有勘察合同的应按合同规定编制，没有勘察合同的可参照下列指标编制。

① 一般民用建筑：六层以下 3～5 元/m^2 建筑面积；高层 8～10 元/m^2 建筑面积。

② 工业建筑：10～12 元/m^2 建筑面积。

（3）施工图预算编制费。应按项目总设计费（含初步设计和施工图设计费）的 10%计算，单独计取。单项工程可按预算总价的 3‰计取。

5．场地准备及临时设施费

场地准备及临时设施费是指建设场地准备费和建设单位临时设施费。

（1）场地准备费是指建设工程项目为达到工程开工条件所发生的场地平整和对建设场地遗留的有碍施工建设的设施进行拆除清理的费用。新建项目的场地准备费和临时设施费应根据实际工程量估算，或按工程费用的比例计算。

（2）临时设施费是指建设期间建设单位所需临时设施的搭设、维修、摊销费用或租赁费用。

临时设施包括临时宿舍、文化福利及公用事业房屋与构筑物、仓库、办公室、加工厂以及规定范围内的道路、水、电、管线等临时设施和小型临时设施。

建设单位临时设施费，新建项目按建筑安装工程费的 1%计算。改、扩建项目可按建筑安装工程费的 0.6%计算。三资项目可视项目情况适当提高。

6．环境影响评价费

环境影响评价费是指按照《中华人民共和国环境保护法》、《中华人民共和国环境影响评价法》等规定，为全面、详细评价建设工程项目对环境可能产生的污染或造成的重大影响所需的费用。包括编制环境影响报告书、环境影响报告表和评估环境影响报告书、评估环境影响报告表等的费用。

环境影响评价费依据环境影响评价委托合同计列，或按照《国家计委、国家环境保护总局关于规范环境影响咨询收费有关问题的通知》（计价格［2002］125 号）规定计算。

7．劳动安全卫生评价费

劳动安全卫生评价费是指按照劳动部《建设工程项目（工程）劳动安全卫生监察规定》和《建设工程项目（工程）劳动安全卫生预评价管理办法》的规定，为预测和分析建设工程项目存在的职业危险、危害因素的种类和危险危害程度，并提出先进、科学、合理可行的劳动安全卫生技术和管理对策所需的费用，包括编制建设工程项目劳动安全卫生预评价大纲和劳动安全卫生预评价报告书以及为编制文件所进行的工程分析和环境现状调查等所需的费用。

劳动安全卫生评价费依据劳动卫生预评价委托合同计列，或按照建设工程项目所在省（市、自治区）劳动行政部门规定的标准计算。

8. 引进技术和进口设备费用

引进技术和进口设备费用包括出国人员费用、国外工程技术人员来华费用、技术引进费、分期或延期付款利息、担保费、进口设备检验鉴定费用。

（1）出国人员费用是指为引进技术和进口设备派出人员在国外培训和进行设备联络，设备检验等的差旅费、制装费、生活费等。

出国人员费用编制方法：根据设计规定的出国培训和工作的人员、时间及派往国家，按财政部、外交部规定的临时出国人员费用开支标准及中国民用航空总局现行国际航线票价等进行计算，其中使用外汇部分应计算银行财务费用。

（2）国外工程技术人员来华费用是指为安装进口设备，引进国外技术等聘用外国工程技术人员进行技术指导工作所发生的费用，包括技术服务费及外国技术人员的在华工资、生活补贴、差旅费、医药费、住宿费、交通费、宴请费、参观游览等招待费用。

编制方法：

1）技术服务费，根据合同协议规定的价格计算，应计算银行财务费、外贸手续费。

2）国外技术人员来华的工资、生活补贴、往来差旅费和医药费等，其人数、期限及取费标准，按合同或协议的有关规定计算，其中使用外汇部分应计算银行财务费。

3）国外技术人员来华招待费，自建专家招待所的，按每人每月 4 500 元计算。

4）宾馆住宿的，按每人每月 6 000 ~ 8 000 元计算。

（3）技术引进费是指为引进国外先进技术而支付的费用，包括专利费、专有技术费（技术保密费）、国外设计及技术资料费、计算机软件费等。该项费用可根据合同或协议的价格计算。

（4）分期或延期付款利息是指利用出口信贷引进技术或进口设备采取分期或延期付款的办法所支付的利息。可按出口信贷合同或协议的有关规定计算。

（5）担保费是指国内金融机构为买方出具保函的担保费。该项费用按有关金融机构规定的担保费率计算（一般可按承保金额的5‰计算）。

（6）进口设备检验鉴定费用是指进口设备按规定付给商品检验部门的进口设备检验鉴定费。该项费用按进口设备货价的3‰～5‰计算。

9. 工程保险费

工程保险费是指建设项目在建设期间根据需要对建筑工程、安装工程、机器设备和人身安全进行投保而发生的保险费用，包括以各种建筑工程及其在施工过程中的物料、机器设备为保险标的建筑工程一切险，以安装工程中的各种机器、机械设备为保险标的安装工程一切险，以及机器损坏保险和人身意外伤害险等。

不同的建设工程项目可根据工程特点选择投保险种，根据投保合同计列保险费。编制投资估算和设计概算时可按工程费用的比例计算，即保险费以其建筑、安装工程费乘以建筑、安装工程保险费率计算。

根据不同的工程类别，分别以建筑、安装工程费用乘以建筑、安装工程保险费率计算。建筑安装工程保险费率如表8-2所示。

表8-2 建筑安装工程保险费率

序号	工程名称		保险费率（‰）
1	建筑工程	民用建筑（住宅楼、综合性大楼、商场、旅馆、医院、学校等）	2～4
2		其他建筑（工业厂房、仓库、道路、码头、水坝、隧道、桥梁、管道等）	3～6
3	安装工程	农业、工业、机械、电子、电器、纺织、矿山、石油、化学及钢铁工业、钢结构桥梁	3～6

10. 特殊设备安全监督检查费

特殊设备安全监督检查费是指在施工现场组装的锅炉及压力容器、压力管道、消防设备、燃气设备、电梯等特殊设备和设施，由安全监察部门按照有关安全监察条例和实施细则以及设计技术要求进行安全检验，应由建设工程项目支付的，向安全监察部门缴纳的费用。

编制方法：特殊设备安全监督检查费按照建设工程项目所在省（市、自治区）安全监察部门的规定标准计算。

11．市政公用设施建设及绿化补偿费

市政公用设施建设及绿化补偿费是指使用市政公用设施的建设工程项目，按照项目所在地省一级人民政府有关规定建设或缴纳的市政公用设施建设配套费用，以及绿化工程补偿费用。

该项费用计取方法按工程所在地人民政府规定标准计列，不发生或按规定免征项目不计取。

8.2.3　与未来企业生产经营有关的费用

1．联合试运转费

联合试运转费是指新建企业或新增加生产工艺过程的扩建企业在竣工验收前，按照设计规定的工程质量标准，进行整个车间的负荷或无负荷联合试运转发生的费用支出大于试运转收入的亏损部分。

（1）机械厂按需要试运转车间的工艺设备购置费的 0.5%～1.5%计算。

（2）火药厂按建安工程费用之和的 1%计算。

（3）炸药厂按建安工程费用之和的 1.5%计算。

2．生产准备费

生产准备费是指新建企业或新增生产能力的企业，为保证竣工交付使用进行必要的生产准备所发生的费用，内容包括：

（1）生产人员培训费，包括自行培训、委托其他单位培训的人员的工资、工资性补贴、职工福利费、差旅交通费、学习资料费、学习费、劳动保护费等。

（2）生产单位提前进厂参加施工、设备安装、调试等以及熟悉工艺流程及设备性能等人员的工资、工资性补贴、职工福利费、差旅交通费、劳动保护费等。

编制方法：根据需要培训和提前进厂人员的人数及培训时间（一般为 4～6 个月）按生产准备费指标计算。若设计前期无法确定人数，可按设计定员的 60%～80%计算培训费，

如表8-3所示。

表8-3　生产准备费指标

序　号	费用名称	计算基础	费用指标	
			内　培	外　培
1	职工培训费	培训人数	300～500元/人·月	600～1 000元/人·月
2	提前进厂费	提前进厂人数	6 000～10 000元/人·年	

3．办公和生活家具购置费

办公和生活家具购置费是指为保证新建、改建、扩建项目初期正常生产、使用和管理所必须购置的办公和生活家具、用具的费用。改、扩建项目所需的办公和生活用具购置费，应低于新建项目。这项费用按照设计定员人数乘以综合指标计算，一般为600～800元/人。

新建项目及改、扩建项目按照设计定员新增人数乘以综合指标计算，如表8-4所示。

表8-4　办公及生活家具综合费用指标

序　号	设计定员（人）	费用指标（元/人）	
		新　建	改、扩建
1	≤1 500	850～1 000	500～600
2	1 501～3 000	750～850	450～500
3	3 001～5 000	650～750	400～450
4	>5 000	<650	<400

8.3　措施项目费用定额的编制

进行建筑安装工程造价计算，除了需要工程定额外，还需要费用定额配合才能完成。建筑安装工程计算所需要的费用定额包括措施费费用定额、规费定额、企业管理费定额、利润定额和税金定额等。我国部分省市主管部门根据当地的建筑市场具体情况，经过测算，给出了参考费率，以代替定额计价体系下的费用定额，与预算定额配套使用，所规定的各项费用是这些费用所能计取的最高限额。在市场经济条件下，建筑施工企业应根据自身的实际情况，编制自己的费用定额，以适应竞争的需要。

1. 安全文明施工费

安全文明施工费=计算基数×安全文明施工费费率（%） （8-2）

计算基数应为定额基价（定额分部分项工程费+定额中可以计量的措施项目费）、定额人工费或（定额人工费+定额机械费），其费率由工程造价管理机构根据各专业工程的特点综合确定。

如天津市规定的计算如表8-5所示。

表8-5 安全文明施工措施费系数表

类别 项目	分部分项工程费中人工费、材料费、机械费合计（万元）				
	≤2 000	≤3 000	≤5 000	≤10 000	＞10 000
	环境保护、文明施工、安全施工、临时设施				
住宅	4.16%	3.37%	3.00%	2.29%	2.08%
公建	2.97%	2.41%	2.14%	1.63%	1.49%
工业建筑	2.42%	1.96%	1.74%	1.33%	1.21%
其他	2.37%	1.92%	1.71%	1.30%	1.19%

2. 冬雨季施工增加费

冬雨季施工增加费=计算基数×冬雨季施工增加费费率（%） （8-3）

天津市规定的计算方法为

冬雨季施工增加费=计算基数×0.9% （8-4）

计算基数为分部分项工程费中人工费、材料费、机械费及可以计量的措施项目中人工费、材料费、机械费合计，其中人工费占55%。

3. 已完工程及设备保护费

已完工程及设备保护费=计算基数×已完工程及设备保护费费率（%） （8-5）

计费基数应为定额人工费或（定额人工费+定额机械费），其费率由工程造价管理机构根据各专业工程特点和调查资料综合分析后确定。

4．夜间施工增加费

$$夜间施工增加费=计算基数\times夜间施工增加费费率（\%） \tag{8-6}$$

计费基数应为定额人工费或（定额人工费+定额机械费），其费率由工程造价管理机构根据各专业工程特点和调查资料综合分析后确定。

天津市规定：

夜间施工增加费=（工期定额工期–合同工期）×工日合计×每工日夜间施工增加费/工期定额工期　　（8-7）

工日合计为分部分项工程费中的工日及可以计量的措施项目费中的工日合计。每工日夜间施工增加费按29.81元计算，其中人工费占90%。

5．二次搬运措施费

二次搬运措施费=计算基数×二次搬运措施费费率　　（8-8）

计算基数为分部分项工程费中材料费及可以计量的措施项目中材料费合计。

二次搬运措施费费率如表8-6所示。

表8-6　二次搬运措施费费率表

序号	施工现场总面积/新建工程首层建筑面积	二次搬运措施费费率
1	＞4.5	0.0%
2	3.5～4.5	1.3%
3	2.5～3.5	2.2%
4	1.5～2.5	3.1%
5	＜1.5	4.0%

6．竣工验收存档资料编制费

竣工验收存档资料编制费=计算基数×0.1%　　（8-9）

计算基数为分部分项工程费中人工费、材料费、机械费及可以计量的措施项目中人工费、材料费、机械费合计。

8.4　企业管理费、规费定额的编制

1. 规费费率的确定

（1）社会保险费和住房公积金。社会保险费和住房公积金应以定额人工费为计算基础，根据工程所在地省、自治区、直辖市或行业建设主管部门规定费率计算。

$$社会保险费和住房公积金=\sum（工程定额人工费\times社会保险费和住房公积金费率）\quad(8\text{-}10)$$

式中，社会保险费和住房公积金费率可以每万元发承包价的生产工人人工费和管理人员工资含量与工程所在地规定的缴纳标准综合分析取定。

（2）工程排污费。工程排污费等其他应列而未列入的规费应按工程所在地环境保护等部门规定的标准缴纳，按实计取列入。

2. 企业管理费费率的确定

与规费费率的计算类似，企业管理费费率的计算也因为计算基础的不同而有所区别。

（1）以分部分项工程费为计算基础。

$$企业管理费费率（\%）=\frac{生产工人年平均管理费}{年有效施工天数\times人工单价}\times人工费占分部分项工程费比例（\%）\quad(8\text{-}11)$$

（2）以人工费和机械费合计为计算基础。

$$企业管理费费率（\%）=\frac{生产工人年平均管理费}{年有效施工天数\times（人工单价+每一工日机械使用费）}\times100\%\quad(8\text{-}12)$$

（3）以人工费为计算基础。

$$企业管理费费率（\%）=\frac{生产工人年平均管理费}{年有效施工天数\times人工单价}\times100\%\quad(8\text{-}13)$$

上述公式适用于施工企业投标报价时自主确定管理费，是工程造价管理机构编制计价定额确定企业管理费的参考依据。

工程造价管理机构在确定计价定额中企业管理费时，应以定额人工费或（定额人工费+定额机械费）作为计算基数，其费率根据历年工程造价积累的资料，辅以调查数据确定，

列入分部分项工程和措施项目中。

8.5 利润率及税率的确定

1. 利润率

利润是指施工企业完成所承包工程的赢利。

（1）施工企业根据企业自身需求并结合建筑市场实际自主确定，列入报价中。

（2）工程造价管理机构在确定计价定额中的利润时，应以定额人工费或（定额人工费+定额机械费）作为计算基数，其费率根据历年工程造价积累的资料，并结合建筑市场实际确定，以单位（单项）工程测算，利润在税前建筑安装工程费的比重可按不低于5%且不高于7%的费率计算。利润应列入分部分项工程和措施项目中。

在工程定价过程中，企业要根据市场的竞争状况确定适当的利润水平。取定的利润水平过高可能会导致丧失一定的市场机会，取定的利润水平过低又会面临很大的市场风险。我国部分省市提供了参考利润率，如天津市预算定额附录中根据工程类别，给定了参考利润率，如表8-7所示。

表8-7 参考利润率

工程类别	一类工程	二类工程	三类工程	四类工程
利润率（%）	12.0	10.0	7.5	4.5

2. 税率

建筑安装工程税金是指国家税法规定的应计入建筑安装工程费用的营业税、城市维护建设税、教育费附加以及地方教育费附加。

（1）营业税。营业税按营业额乘以营业税税率确定。建筑安装企业营业税税率为3%，计算公式为

$$应纳营业税=营业额\times 3\% \tag{8-14}$$

营业额是指从事建筑、安装、修缮、装饰及其他工程作业收取的全部收入，还包括建筑、修缮、装饰工程所用原材料及其他物资和动力的价款。当安装的设备的价值作为安装

工程产值时，亦包括所安装设备的价款。但建筑安装工程总承包方将工程分包给他人的，其营业额中不包括付给分包方的价款。

（2）城市维护建设税。城市维护建设税是为筹集城市维护和建设资金，稳定和扩大城市、乡镇维护建设的资金来源，而对有经营收入的单位和个人征收的一种税。

城市维护建设税是按应纳营业税额乘以适用税率确定，计算公式为

$$\text{应纳税额}=\text{应纳营业税额}\times\text{适用税率} \tag{8-15}$$

城市维护建设税的纳税人所在地为市区的，其适用税率为营业税的 7%；所在地为县镇的，其适用税率为营业税的 5%；所在地为农村的，其适用税率为营业税的 1%。

（3）教育费附加。教育费附加按应纳营业税额的 3%确定，计算公式为

$$\text{应纳税额}=\text{应纳营业税额}\times 3\% \tag{8-16}$$

建筑安装企业的教育费附加要与其营业税同时缴纳。即使办有职工子弟学校的建筑安装企业，也应当先缴纳教育费附加，教育部门可根据企业的办学情况，酌情返还给办学单位，作为对办学经费的补助。

（4）地方教育费附加。地方教育费附加按应纳营业税额的 2%确定，计算公式为

$$\text{应纳税额}=\text{应纳营业税额}\times 2\% \tag{8-17}$$

（5）税金的综合计算。在税金的实际计算过程中，通常是三种税金一并计算，而在计算税金时，往往已知条件是税前造价。因此税金的计算公式为

$$\text{税金}=\text{税前造价}\times\text{综合税率（\%）} \tag{8-18}$$

综合税率的计算因企业所在地不同而有所区别。

① 纳税地点在市区的企业：

$$\text{综合税率（\%）}=\frac{1}{1-3\%-(3\%\times 7\%)-(3\%\times 3\%)-(3\%\times 2\%)}-1 \tag{8-19}$$

② 纳税地点在县城、镇的企业：

$$\text{综合税率（\%）}=\frac{1}{1-3\%-(3\%\times 5\%)-(3\%\times 3\%)-(3\%\times 2\%)}-1 \tag{8-20}$$

③ 纳税地点不在市区、县城、镇的企业：

$$综合税率（\%）=\frac{1}{1-3\%-(3\%\times1\%)-(3\%\times3\%)-(3\%\times2\%)}-1 \quad (8\text{-}21)$$

④ 实行营业税改增值税的，按纳税地点现行税率计算。

复习思考题

1．工程建设其他费用定额如何编制？

2．建安工程费用定额有哪些组成部分？

3．简述措施项目费用定额的编制方法。

4．简述管理费定额的编制方法。

5．利润和税金如何确定？

6．某市建筑公司承建某县政府办公楼，工程不含税造价为1 000万元，该施工企业应缴纳的营业税为（　　）万元。

A．32.81　　B．31.60　　C．31.00　　D．34.121 5

7．某地区税法规定，建安工程税金中应包含营业税、城市维护建设税、教育费附加和地方教育费附加，其中地方教育费附加按营业税1%计提，则纳税地点在市区的企业综合税率为（　　）%。

A．3.44　　B．3.41　　C．3.35　　D．3.22

第 9 章　投资估算指标与建设工期定额

学习目标

☑ 一般训练对投资估算指标的概念、作用及内容的理解领会能力

☑ 一般训练对投资估算指标的编制原则、依据和方法的理解领会能力

☑ 重点训练投资估算指标的编制能力

☑ 一般训练对建设工程工期的概念与作用的认知和领会能力

☑ 一般训练对建设工程工期的编制与应用能力

9.1　投资估算指标

9.1.1　投资估算指标的概念、作用及内容

1. 投资估算指标的概念

投资估算指标，是在编制项目建议书及可行性研究报告和编制设计任务书阶段进行投资估算、计算投资需要量时使用的一种定额。它具有较强的综合性、概括性，往往以独立

的单项工程或完整的工程项目为编制对象。它的概略程度与可行性研究阶段相适应。它的主要作用是为项目决策和投资控制提供依据，是一种扩大的技术经济指标。

投资估算指标是一种用建筑面积（或体积）或万元造价为计量单位，以独立的建设项目、单项工程或单位工程为对象，规定其所需的人工、材料、机械台班和资金消耗的定额。它的数据均来自工程预算和决算资料。估算指标比概算定额更为综合和概括，属于参考性经济标准，是项目建议书和可行性研究阶段编制投资估算的基础和依据。

2．投资估算指标的作用

投资估算是工程项目前期从投资决策直至初步设计以前的重要工作环节，是项目进行经济评价和资金筹措的前提条件。经济评价是可行性研究的核心，而投资估算是经济评价工作的基础。投资估算指标的准确与否直接影响到项目的投资决策、基建规模、工程设计方案、投资经济效果，并直接影响到工程建设能否顺利进行。一般来说，投资估算指标具有以下两方面作用：

（1）投资估算指标是编制建设项目建议书、可行性研究报告等前期工作阶段投资估算的依据。

（2）投资估算指标可以作为编制固定资产投资长远规划投资额的参考。

3．投资估算指标的内容

投资估算指标是确定和控制建设项目全过程各项投资支出的技术经济指标，其范围涉及建设前期、建设实施期和竣工验收交付使用期等各个阶段的费用支出，内容因行业不同各异，一般可分为建设项目综合指标、单项工程指标和单位工程指标三个层次。

（1）建设项目综合指标。建设项目综合指标指按规定应列入建设项目总投资的从立项筹建开始至竣工验收交付使用的全部投资额，一般包括固定资产投资和流动资产投资两部分。

建设项目综合指标一般以项目的综合生产能力单位投资表示，如元/t、元/kW等，或以使用功能表示，如医院床位：元/床。

（2）单项工程指标。指按规定应列入能独立发挥生产能力或使用效益的单项工程内的全部投资额，包括建筑工程费、安装工程费、设备及生产工器具购置费和工程建设其他费用等。生产性建设项目单项工程一般划分原则如下：

1）主要生产设施，指直接参加生产产品的工程项目，包括生产车间或生产装置。

2）辅助生产设施，指为主要生产车间服务的工程项目，包括集中控制室、中央试验室、机修、电修、仪器仪表修理及木工（模）等车间，原材料、半成品、成品及危险品等仓库。

3）公用工程，包括给排水系统（给排水泵房、水塔、水池及全厂给排水管网）、供热系统（锅炉房及水处理设施、全厂热力管网）、供电及通信系统（变配电所、开关所及全厂输电、电信线路）以及热电站、热力站、煤气站、空压站、冷冻站、冷却塔和全厂管网等。

4）环境保护工程，包括废气、废渣、废水等的处理和综合利用设施及全厂性绿化。

5）总图——运输工程，包括厂区防洪、围墙大门、传达及收发室、汽车库、消防车库、厂区道路、桥涵、厂区码头及大型土石方工程。

6）服务设施，包括办公室、食堂、医务室、浴室、哺乳室、自行车棚等。

7）生活福利设施，包括职工宿舍、住宅、生活区食堂、职工医院、俱乐部、托儿所/幼儿园、子弟学校、商业服务点以及与之配套的设施。

8）其他工程，如水源工程、厂外输电、输水、排水、通信、输油等管线以及公路、铁路专用线等。

单项工程估算指标应按各种类型工程项目和结构特征，一般以单项工程生产能力单位投资如元/t，或其他单位表示，如供水站以“元/m^3”表示；办公室、仓库、宿舍、住宅等房屋则区别不同结构形式以“元/m^2”表示。凡工程项目相符且构造内容一致均可套用。

（3）单位工程指标。单位工程指标是指按规定应列入能独立设计、施工的工程项目的费用，即建筑安装工程费用。

单位工程指标一般以下列方式表示，如房屋区别不同结构形式以“元/m^2”表示；道路区别不同结构层、面层以“元/m”表示；管道区别不同材质、管径以“元/m”表示。

9.1.2 投资估算指标的编制原则、依据和方法

1. 投资估算指标的编制原则

（1）投资估算指标必须符合国家的技术经济政策和发展方向。在确定编制投资估算指标的内容以及选取典型工程时，应对建设项目的建设标准、工艺标准、建筑标准以及占地标准、劳动定员标准等，既要尽可能地采用代表科技发展方向的最新成果，提高生产能力和使用功能，又要充分考虑当前和近期设计、施工的实际能力，坚持技术上的先进、可行

和经济上的低耗、合理，力争以较少的投入求得最大的效益。

（2）投资估算指标的编制要与项目建议书、可行性研究报告和设计任务书的编制深度相适应。投资估算的编制要经历一个由浅入深，由对项目认识不够全面到逐渐地全面认识的过程，期间要受到许多内外部条件的限制，如从技术方案上设想的一些定性的概念尚难以做出定量的判断，大量的模糊性、随机性的不确定因素要靠人的判断能力和经验估计确定。而这些大量的不确定因素就需要在编制投资估算指标过程中，运用定性分析和定量分析相结合的方法，在个别事物中找出带有规律性的东西来加以概括，综合或列入不同条件下的不同调整办法和参考数值，以保证投资估算指标的完整、确凿、可靠。

（3）投资估算指标的编制要反映不同行业、不同项目和不同工程的特点，投资估算指标要适应项目前期工作深度的需要，且具有更大的综合性。

（4）投资估算指标的编制要贯彻静态和动态相结合的原则。要充分考虑到在市场经济条件下，由于建设条件、实施时间、建设期限等因素的不同，考虑到建设期的动态因素，即价格、建设期利息、固定资产投资方向调节税及涉外工程的汇率等因素的变动，导致指标的量差、价差、利息差、费用差等“动态”因素对投资估算的影响。对上述动态因素应给予必要的调整办法和调整参数，尽可能减少这些动态因素对投资估算准确性的影响，使指标具有较强的实用性和可操作性。

（5）投资估算指标应具有实用性。由于投资估算指标是国家对固定资产投资由直接控制转变为间接控制的一项重要经济指标，具有宏观指导作用。另外，它又为编制项目建议书投资估算提供依据，具有实用性。因此，要求它能分能合、有粗有细、细算粗编，既能反映一个建设项目的全部投资及其构成（建筑工程费、安装工程费、设备及工器具购置费和工程建设其他费用等），又要有组成建设项目投资的各个单项工程投资（主要生产设施、辅助生产设施、公用设施、生活福利设施等）；既能综合使用，也能个别分解使用。占投资比重大的建筑工程、工艺设备，要做到有量、有价，根据不同结构形式的建筑物列出每百 m^2 的主要工程量和主要材料量；主要设备也要列有规格、型号、数量。同时要以编制年度为基期计价，便于根据设计方案、选厂条件、建设实施期等变化而引起的投资进行必要的调整、换算，也便于对现有企业实行技术改造和改、扩建项目进行投资估算，扩大投资估算指标的覆盖面。

2. 投资估算指标的编制依据

投资估算指标的编制工作是一项涉及面广、情况复杂而又十分具体、细致的技术经济基础工作，具有较强的政策性，其编制工作除必须依据国家发展国民经济的中长期规划、技术发展政策和国家规定的建设标准，如规模标准、工艺标准、占地标准、定员标准以外，还必须依照指标的编制内容、不同的层次确定具体的编制依据。由于行业、产品方案、工艺流程、建设规模和建设条件各不相同，编制依据也有所不同。其中主要方面应包括以下内容：

（1）依照不同的产品方案、工艺流程和生产规模，确定建设项目主要生产、辅助生产、公用设施以及生活福利设施等单项工程的内容、规模、数量以及结构形式，经过分类、筛选、整理选择相应具有代表性、符合技术发展方向、数量足够的已经建成或正在建设的，并具有重复使用可能的设计图纸及其工程量清单、设备清单、主要材料用量表和预、决算资料。

（2）国家和主管部门制定颁发的建设项目用地定额、建设项目工期定额、单位工程施工工期定额及生产定员标准等。

（3）编制年度现行全国统一，地区统一的各类工程概预算定额、各种费用标准。

（4）所在地区编制年度的各类工资标准、材料预算价格和各类工程造价指数。

（5）设备价格，包括原价和设备运杂费。

以上的各种资料越完备、越丰富，编制投资估算指标也就越准确。

3. 投资估算指标的编制方法

投资估算指标的编制工作，涉及建设项目的产品规模、产品方案、工艺流程、设备选型、工程设计和技术经济等各个方面，既要考虑到现阶段技术状况，又要展望近期技术发展趋势和设计动向，从而可以指导以后建设项目的实践。投资估算指标的编制应成立专业齐全的编制小组，编制人员应具备较高的专业素质。投资估算指标的编制应当制定一个从编制原则、编制内容、指标层次、项目划分、表现形式、计量单位、计算、复核、审查程序，到相互应有的责任制等内容的编制方案或编制细则，以便编制工作有章可循。投资估算指标的编制一般分为三个阶段进行。

（1）调查收集整理资料阶段。调查收集整理已建成或正在建设的、符合现行技术政策和技术发展方向、有可能重复采用的、有代表性的工程设计施工图、标准设计以及相应的施工图预算或竣工决算资料等。这些资料是编制工作的基础。资料收集得越广泛，反映出的问题越多，编制工作考虑得越全面，就越有利于提高投资估算指标的实用性和覆盖面。同时，对调查收集到的资料要选择占投资比重大、相互关联多的项目进行认真的分析整理。由于已建成的或正在建设的工程项目的设计意图、建设时间和地点等不同，相互之间的差异很大，需要去粗取精、去伪存真地加以整理，才能重复利用。将整理后的数据资料按项目划分栏目加以分类，按照编制年度的现行定额、费用标准和价格，调整成编制年度的造价水平及相应比例。

（2）平衡调整阶段。由于调查收集的资料来源不同，虽然经过一定的分析整理，但难免会出于设计方案、建设条件和建设时间上的差异带来的某些影响，使数据失准或漏项等。必须对有关资料进行综合平衡调整。

1）时间差异。投资估算指标编制年度所依据的各项定额、价格和费用标准及项目实施年度可能会随时间的推移有所变化。这些变化对项目投资的影响，因工期长短而异，时间越长，影响越大，不可忽视。项目投资估算一定要预计计算年度至实施年度的造价水平，否则将给项目投资留下缺口，使其失去控制投资的意义。时间差异对项目投资的影响，一般可按下述几种情况考虑。

① 定额水平的影响。各种定额的修订、新旧定额水平变化所引起的“定额差”，一般表现为人工、材料、机械台班消耗的量差，可相应调整投资估算指标内的人工、材料和施工机械台班数量，也可用同一价格计算的新、旧定额直接费之比调整投资估算指标的直接费，如下式：

$$\text{调整后的人、材、机费合计}=\text{指标人材机费合计}\times[1+(\text{新定额人材机费合计}-\text{旧定额人材机费合计})\div\text{旧定额人材机费合计}] \quad (9\text{-}1)$$

② 价格差异。如果投资估算指标编制年度至项目实施期年度，仅设备、材料有所变化，可按指标内所列设备、材料用量调整其价差或以价差率调整。价差率如下式：

$$\text{设备(材料)价差率(\%)}=\frac{\sum\text{设备(材料)用量}\times(\text{编制年度价格}-\text{指标编制年度价格})}{\text{指标设备(材料)费总额}}\times100\% \quad (9\text{-}2)$$

也可求得设备、材料每年平均递增率，调整后列入项目投资估算预备费中设备材料差价项下。

③ 费用差异。指标编制年度即实施期年度，如建安工程各项费用定额有变化，可将新建安工程费用定额中的不同计算基数的费率，换算成同一计算基数的综合费率形式进行调整。

为简化计算，也可将上述定额水平差、设备材料价格差、费用差，分别以不同类型的单项工程综合测算出工程造价年平均递增率，计算工程造价的价格差异，调整建安工程费。

2）建设地点差异。建设地点的变化必然要引起设计、施工的变化，由此引起对投资的影响。除在估算指标中规定相应的调整办法外，使用指标时必须依据建设地点的具体情况，研究具体方案，进行必要的调整。

3）设计差异。设计对投资的影响是多方面的，我们仅从对投资影响比较大的方面进行调整，一是建筑物层数、层高、开间、进深、平面组合形式、工业建筑的跨度、柱距、高度、吊车吨位等变化引起的结构形式、工程量和主要材料的改变；二是工艺改变、设备选型引起对投资的影响，必须引起足够的注意。

（3）测算审查阶段。测算是将新编的指标和选定工程的概预算在同一价格条件下进行比较，检验其“量差”的偏离程度是否在允许偏差的范围以内。若偏差过大，则要查找原因，进行修正，以保证指标的确切、实用。测算同时也是对指标编制质量进行的一次系统检查，应由专人进行，以保持测算口径的统一，并在此基础上组织有关专业人员予以全面审查定稿。

由于投资估算指标的计算工作量非常大，在现阶段计算机已经广泛普及的条件下，应尽可能应用计算机进行投资估算指标的编制工作。

9.2　建设工期定额

9.2.1　建设工期定额的概念及主要内容

1. 建设工期定额的概念

建设工期定额，是指在平均的建设管理水平和施工装备水平及正常的建设条件（自然的、经济的）下，一个建设项目从设计文件规定的正式破土动工，到全部工程建完，验收合格交付使用全过程所需的定额时间。

2．建设工期定额的主要内容

建设工期定额是计算和确定建设项目工期的尺度，是工期管理的基础，主要为项目评估、决策、设计，按合理工期组织建设服务。工期定额作为编审设计任务书和初步设计文件时确定建设工期的依据，对于编制施工组织设计、进行项目投资包干和工程招标投标等工作中的工期管理，具有指导作用。

建设工期定额同概算、预算定额一样，是工程定额管理体系中的重要组成部分。我国开展建设工期定额编制和管理工作始于20世纪80年代初，开始主要是编制建筑安装工程工期定额；80年代中期以后，国家有计划地组织制定了各类大中型工业交通项目、市政设施项目的建设工期定额；到目前建设工期定额体系中已包括一般建筑安装工程、市政工程，电力、煤炭、铁道、冶金、化工、电子、邮电等行业建设工期定额2 000余项。《全国统一建筑安装工程工期定额》（2000年）是在原城乡建设环境保护部1985年制定的《建筑安装工程工期定额》基础上，依据国家建筑安装工程质量检验评定标准、施工及验收规范等有关规定，按正常施工条件、合理的劳动组织，以施工企业技术装备和管理的平均水平为基础，结合各地区工期定额执行情况，在广泛调查研究的基础上修编而成。

建设工期定额是加强建设工程管理的一项基础工作，定额具有一定的法规性、普遍性和科学性。法规性是指建设工期定额是考核工程项目工期的客观标准和对工期实施宏观控制的必要手段，建设工期定额由建设行政主管部门或授权有关行业主管部门制定、发布，作为确定建设项目工期和工程承发包合同工期的规范性文件，未经主管部门同意，任何单位或个人无权修改或解释，建设工期的执行与监督工作也由发布部门或受权部门进行日常管理；普遍性是指建设工期定额的编制是依据正常的建设条件和施工程序，综合大多数企业施工技术和管理水平，因而具有广泛的代表性；科学性是指建设工期定额的制定、审查等工作采用科学的办法和手段进行统计、测定和计算等。建设工期定额主要包括以下几部分内容。

（1）建设工期定额的作用、依据及使用的说明。建设工期定额在建设前期主要作为项目评估、决策、设计时按合理工期组织建设的依据，还可作为编审设计任务书和初步设计文件时确定建设工期的依据。对于编制施工组织设计、进行项目投资包干和工程招标投标及签订合同工期具有指导作用，此外，也可作为提前和延误工期进行奖罚、工程结算等的依据。根据上述作用，建设工期定额在总说明部分还应说明编制的有关依据和定额水平确定的原则。

（2）建设工期定额中时间的说明。建设工期定额的起止时间一般从设计文件规定的工程正式破土动工到全部工程建成交付使用所需的时间，定额中大都以天计算和表示。此外，还对定额所考虑的国家规定的法定有效工作天数或月数，以及冬季施工、开始动工的季节等做出了说明。

（3）建设工期定额的基本内容。各类建设工期定额按项目的类别主要分为三大部分：第一部分为民用建筑工程，第二部分为工业及其他建筑工程，第三部分为专业工程。民用建筑工程包括住宅工程，宾馆、饭店工程，综合楼工程，办公、教学楼工程，医疗、门诊楼工程等；工业及其他建筑工程包括单层、多层厂房工程，降压站工程，冷冻机房工程，冷库、冷藏间工程等；专业工程包括电梯的安装，起重机的安装，锅炉的安装，空调设备的安装等。

9.2.2　建设工期定额的编制原则、特点和方法

1. 建设工期定额的编制原则

（1）适合国家建设的需要，体现国家建设的方针、政策。

（2）适合国家生产力发展水平。建设工期定额要反映当前和今后一个时期或定额使用期内建筑业生产力水平，考虑到今后建筑业管理水平和施工技术装备水平适度提高的可能性。

（3）建设工期定额的编制还要同有关的经济政策、劳动法规、施工验收标准以及安全规程相匹配。

（4）应采用先进科学的方法进行编制，且需要对大量的资料和数据进行科学合理的分析，剔除不合理因素。

（5）建设工期定额的项目划分要根据不同建设项目的规模、生产能力、工程结构、层数等合理分档，便于定额的使用。

（6）要考虑气候、地理等自然条件的差异对建设工期的影响，分别利用系数进行相应的调整换算，以扩大定额的适用范围。

（7）建设工期定额应以社会必要劳动时间为基础确定，反映社会劳动生产力发展水平。社会必要劳动时间是指在正常的生产条件下，大多数企业技术装备和施工工艺，合理的劳动组织及管理水平下，生产某种产品所需要的必要劳动时间。建设工期定额应反映一定时期的建筑管理和生产力发展的水平，同时，管理水平与劳动生产力的发展水平是相互影响并相互促进的，因此定额的制定既要考虑地区和企业之间的不平衡性，又要考虑提高管理水平促进生产力发展的可能性，概括起来就是以平均合理为原则。

2. 建设工期定额的编制特点

建设工期定额与劳动定额、预算定额等有一定的联系，但也有较大的区别。与其他定额编制相比，建设工期定额的编制有以下特点：

（1）建设工期涉及的时间范围跨度大，其间变化因素多；涉及的主体多，包含了许多管理因素。

（2）工业建设项目特点突出，工程类型多、建设规模大、工程量也较大，且施工工艺和技术复杂程度高，因此难以用一般的或单一的建设工期定额编制方法来概括。

（3）编制建设工期定额所需的数据资料繁杂，一般情况下，资料收集困难，而且可靠性较差。

（4）定额编制原则的具体化、量化比较困难，比如所谓“正常”的建设条件就很难量化，加上我国地域辽阔、经济发展不平衡，自然条件差异也大，所以编制全国统一或行业、地区统一的建设工期定额都会遇到类似的问题。要使定额具有普遍性，又要适当考虑不同的特殊性，矛盾比较突出。

3. 建设工期定额的编制方法

在建设工期定额编制的实践中，针对以上特点，采用了各种方法，但主要可以概括为以下三种。

（1）施工组织设计法。施工组织设计法是对某项工程按工期定额划分的项目，采用施工组织设计技术，建立横道图或标准的网络图来进行计算。标准网络法由于可利用计算机进行各种参数的计算和工期、成本、劳动力、材料资源的优化，因此使用的较为普遍。

应用标准网络法编制建设工期定额的基本程序如下：

1）建立标准网络模型，以此揭示项目中各单位工程、单项工程之间的相互关系和施工程序及搭接程度。

2）确定各工序的名称，选定适当的施工方案。

3）计算各工序对应的综合劳动定额。

4）计算各工序所含实物工程量。

5）计算工序作业时间。工序作业时间是网络技术中最基本的参数，它同工序的划分、劳动定额和实物工程量都为函数关系，同时工序作业时间计算是否准确也影响整个建设工期的计算精度。工序作业时间计算公式为

$$D=\frac{Q}{P} \tag{9-3}$$

式中　D——工序作业时间；

Q——工序所含实物工程量；

P——综合劳动定额。

6）计算初始网络时间参数，得到初始工期值，确定关键线路和影响整个工期值的各工序组合。

7）进行工期、成本、劳动力、材料资源的优化后，得出最优工期。

8）根据网络计算的最优工期，考虑其他影响因素，进行适当调整后即为定额工期。

（2）数理统计法。数理统计法是把过去的有关工期资料按编制的要求进行分类，然后用数理统计的方法，推导出计算式求得统计工期值。统计的方法虽然简单，理论上可靠，但对数据的处理要求严格，要求建设工期原始资料完整、真实，剔除各种不合理的因素，同时要合理选择统计资料和统计对象。

数理统计法是编制工期定额较为通用的一种方法，具体的统计对象范围，根据编制工作的要求而确定。

（3）专家评估法。该方法是在难以用定量的数学模型、难以用解析方法求解时而采用的一种有效的估计预测的方法，属于经验评估的范畴。通过调查建设工期问题专家、技术人员，对确定的工期目标进行估计和预测。采取专家评估法，首先要确定好预测的目标，目标可以是某项工程的建设工期，也可以是某个工序的作业时间或编制建设工期定额中的某个具体条件、某个数值等；所选专家、技术人员必须经验丰富、有权威、有代表性；按照专门设计的征询表格，请专家填写，表格栏目要明确、简洁、扼要，填写方式尽可能简

单；经过数轮征询和数轮信息反馈，将各轮的评估结果做统计分析；如此不断修改评估意见，最终使评价结果趋于一致，作为确定定额工期的依据。

以上是建设工期定额的几种主要的编制方法，在实际工作中，一般根据具体的建设项目采用一种或几种办法综合使用。

9.2.3 建设工期定额的应用

某大学高层框架剪力墙异形柱结构体系高层住宅施工工期的确定。

1. 工程概况

（1）该大学高层住宅位于天津市，为两幢塔式高层建筑物，主体结构为框架剪力墙异形柱结构体系，中间核心筒；基础采用筏基，柱、墙下设钢筋混凝土灌注桩。

（2）建筑层数为地上16层，地下室1层，局部17层为电梯间和水箱间。

（3）塔式高层住宅采用一梯6户，品字形布局，两幢塔式住宅与东边裙房围合成院落，采用封闭式管理。裙房入口有进入院内的消防车道，顶部距地净高4m，高层四周均有消防车道。

（4）建筑物首层高 3.15m，为物业管理、垃圾间、洗衣房等公共用房及活动用房，建筑面积共计1 268.62m^2。半地下层为自行车库和设备用房，共计1 254.89m^2，2～16层为住宅，除第9层和第16层之外，其余各层均为2.7m高，总面积16 545.75m^2。局部17层为电梯机房和水箱间，共计147m^2。裙房为2层活动用房，共计714.88m^2。每层公共交通面积为57.56m^2。建筑总面积为19 946.5m^2（其中高层部分为19 231.62m^2，裙房为714.88m^2）。

（5）本工程设计抗震烈度为七度；耐火等级为二级，其中地下室为一级。

（6）电梯为每幢楼设两部电梯，其中一部为消防电梯。每台电梯载重量为1 000kg，速度为1.5m/s。

（7）外围护墙为250空心砖，室内填充墙为200加气混凝土。外围内面贴50厚水泥聚苯保温板。外檐门窗为双层铝合金窗，阳台为单层铝合金窗。内门为木制夹板门，木防火门。外墙装饰面为高级彩色外墙涂料，室内为一般水泥面。与电梯间相邻住户设隔声墙一道。

（8）场地地基从上到下依次为素填土、粉质黏土、粉土、粉质黏土、粉砂、黏土、粉质黏土。地下水属潜水微承压水。基础采用筏基，墙柱下设钢筋混凝土灌注桩，需ϕ800钻孔灌注桩 340 根，长度为 16m。

（9）采暖系统：热源来自学校集中锅炉房，室外热网直埋敷设。楼内分高区和低区两个系统，1～8 层为低区，9～16 层为高区，低区由室外热网直接供给，高区需再经热交换机组，进行水-水交换。

（10）本建筑附近已建有 10/0.4kV 变电站，可提供二级负荷的 380/220V 电源给本建筑。

（11）本工程全部建筑及安装工程由建筑工程公司总承包。

2. 施工工期的确定

（1）主体建筑物施工工期的确定。根据已知设计情况，本住宅建筑物属于一般建筑，《工期定额》3 至 4 页说明，本工程分为±0.00m 以下和±0.00m 以上两部分工期之和。

1）±0.00m 以下工程工期。

① 两栋楼单层地下室总面积为 1 254.89m^2，另外，本住宅属一般住宅（非高级住宅），土质以粉土及粉质黏土为主，属Ⅰ、Ⅱ类土，由此可以查《工期定额》第 7 页，如表 9-1 所示。

表 9-1　有地下室工程（工期定额节选）

编　号	层　数	建筑面积（m^2）	工期天数	
			Ⅰ、Ⅱ类土	Ⅲ、Ⅳ类土
1-10	1	500 以内	75	80
1-11	1	1 000 以内	90	95
1-12	1	1 000 以外	110	115
1-13	2	1 000 以内	120	125
1-14	2	2 000 以内	140	145
1-15	2	3 000 以内	165	170
1-16	2	3 000 以外	190	195
1-17	3	3 000 以内	195	205
1-18	3	5 000 以内	220	230
1-19	3	7 000 以内	250	260

根据编号1-12查得：单层地下室工期 T_1 为110天。

② 地基处理采用 ϕ600mm 直径，长18m的钻孔灌注桩340根（每栋楼170根，共2×170根），查《工期定额》无 ϕ600mm 直径，长18m的钻孔灌注桩规格，故采用第346页表“钻孔灌注桩工程”，如表9-2所示。

表9-2　类型：机械钻孔灌注桩（工期定额节选）

编　号	桩深（m）	直径（m）	工程量（根）	工期天数			
				Ⅰ类土	Ⅱ类土	Ⅲ类土	Ⅳ类土
6-464	12以内	ϕ80	650以内	71	75	77	82
6-465			700以内	78	80	83	88
6-466			750以内	84	86	89	94
6-467			800以内	90	92	95	100
6-468			850以内	96	98	101	107
6-469			900以内	103	105	108	113
6-470			950以内	109	111	114	119
6-471			1 000以内	115	117	120	125
6-472	16以内	ϕ80	50以内	9	10	11	16
6-473			100以内	14	15	17	22
6-474			150以内	18	20	23	29
6-475			200以内	25	27	30	37

根据表9-2采用编号6-475，则每栋住宅楼的桩基工程工期 T_2 为25天。

2）±0.00m以上工程工期。本住宅楼为16层，第17层是电梯间和水箱间，根据第2页的说明不计层数，楼房结构为现浇框架结构，总建筑面积为19 946.5m^2，其中高层部分为19 231.62m^2（甲座为8 557.8m^2，乙座为7 987.95m^2），裙房部分为714.88m^2，故其工期可以分为两部分：

① 高层部分（甲、乙二座）计算施工工期。查《工期定额》第20页“住宅工程”，如表9-3所示。

表 9-3 结构类型：现浇框架结构（工期定额节选）

编 号	层 数	建筑面积（m^2）	工期天数		
			Ⅰ类	Ⅱ类	Ⅲ类
1-171	16 以下	10 000 以内	450	470	505
1-172	16 以下	15 000 以内	475	495	535
1-173	16 以下	20 000 以内	500	520	560
1-174	16 以下	25 000 以内	520	545	585
1-175	16 以下	25 000 以外	550	575	615
1-176	18 以下	15 000 以内	505	530	575
1-177	18 以下	20 000 以内	530	555	600
1-178	18 以下	25 000 以内	555	580	625
1-179	18 以下	30 000 以内	580	610	655
1-180	18 以下	30 000 以外	610	640	690
1-181	20 以下	15 000 以内	540	565	610
1-182	20 以下	20 000 以内	560	590	635

根据表 9-3 编号 1-171 且该工程在天津属Ⅱ类地区，由此查得：甲座 T_3 为 470 天，乙座 T_4 为 470 天。

② 裙房部分施工工期。查《工期定额》第 9 页“住宅工程”，如表 9-4 所示。

表 9-4 结构类型：砖混结构（工期定额节选）

编 号	层 数	建筑面积（m^2）	工期天数		
			Ⅰ类	Ⅱ类	Ⅲ类
1-29	1	500 以内	55	60	75
1-30	1	1 000 以内	60	65	80
1-31	1	1 000 以外	70	75	90
1-32	2	500 以内	70	75	90
1-33	2	1 000 以内	75	80	95

续表

编号	层数	建筑面积（m^2）	工期天数		
			Ⅰ类	Ⅱ类	Ⅲ类
1-34	2	2 000 以内	85	90	105
1-35	2	2 000 以外	95	100	115
1-36	3	1 000 以内	90	95	110
1-37	3	2 000 以内	100	105	125
1-38	3	3 000 以内	110	115	135
1-39	3	3 000 以外	125	130	150
1-40	4	2 000 以内	115	125	145

根据表 9-4 编号 1-33 且该工程在天津属Ⅱ类地区，由此查得：裙房部分施工工期 T_5 为 80 天。

（2）该土建部分施工工期应为上述各部分工期的总和，由于两座高层建筑甲座和乙座的建筑安装工程任务均由一个承包公司承担，按该《工期定额》第一章单项工程说明第八条第 8 款规定：单项工程中±0.00m 以上分为若干个独立部分时，先按各自的面积和层数查出相应工期，再以其中一个最大工期为基数，另加其他部分工期的 25%计算，4 个以上独立部分不再另增加工期。如果±0.00m 以上有整体部分，将其并入最大部分工期中计算。

该工程总工期为

$T_1+T_2+T_3+T_4\times25\%+T_5\times25\%=110+25+470+470\times25\%+80\times25\%=743$（天）

复习思考题

1．何为投资估算指标？包括哪些指标？

2．投资估算指标的编制步骤和调整过程如何？

3．什么是建设工期定额？

4．建设工期定额的作用是什么？

5．建设工期定额的编制原则、特点是什么？

6．在项目建议书和可行性研究阶段计算投资需要量时使用的定额是（　　）。

A．投资估算指标　　　　B．预算定额

C．施工定额　　　　D．概算指标

7．工程建设投资估算指标是编制建设工程投资估算的依据，下面对投资估算指标表述正确的是（　　）。

A．投资估算指标分为建设项目综合指标和单项工程指标两个层次

B．投资估算指标的综合程度越大越好

C．投资估算指标比其他各种计价定额具有更大的综合性和概括性

D．投资估算指标的概括性不如概算指标全面

8．在投资估算指标中，单位工程指标按规定应列入（　　）。

A．建筑安装工程费用

B．从立项筹建到竣工交付使用的全部投资额

C．建筑安装工程费、设备及工器具购置费用、工程建设其他费用

D．建筑安装工程费用和其他费用

9．（多选）一般工业项目投资估算指标按其综合程度的不同可分为（　　）。

A．扩大分项估算指标　　　　B．建设项目综合估算指标

C．安装工程估算指标　　　　D．单项工程估算指标

E．单位工程估算指标

实训题

某大学教学实验综合大楼施工工期的确定。

工程概况：

（1）该工程位于湖北省武汉市，属Ⅰ类地区，楼内设公用教室、实验室、物理系、信技系、计科系、粒子所、应用物理所。本工程总建筑面积344 766m^2，主楼±0.00m以下分3层，以上分11层，建筑高度为49.7m。根据建筑平面布局，为满足安全使用适用、技术先进、经济合理的设计原则，根据结构抗震及抗风的初步分析结果，主楼采用整体现浇框架–剪力墙结构形式。

（2）主楼左右裙楼为5层教学楼，前方裙楼为4层公用实验楼，均采用整体现浇框架结构形式。由于裙楼体型较为复杂，为满足抗震要求、不同层高建筑物间沉降要求及温度伸缩缝要求，左右裙房与中间裙房间，以及裙房与主楼间均需断开设缝，缝间距应满足抗震和沉降缝的要求。主体楼长约81m。通过采取措施不留设伸缩缝。

（3）地基基础设计及基坑开挖处理：本工程采用桩基础。

试根据建设工期定额确定该综合大楼的施工工期。

参考文献

[1] 中华人民共和国建设部标准定额司．全国统一建筑工程基础定额土建（GJD-101-95）[M]．北京：中国计划出版社，1995.

[2] 北京市建设委员会，四川省建设委员会．全国统一建筑安装工程工期定额[M]．北京：中国计划出版社，2000.

[3] 北京市建设委员会．北京市建设工程预算定额[M]．北京：中国建筑工业出版社，2001.

[4] 天津市建设管理委员会．天津市建筑工程预算基价[M]．北京：中国建筑工业出版社，2012.

[5] 城乡建设环境保护部劳动定额站《劳动定额原理与应用》编写组．建筑安装工程劳动定额原理与应用[M]．北京：中国建筑工业出版社，1983.

[6] 李建峰．建设工程定额原理与实务[M]．北京：机械工业出版社，2013.

[7] 田永复．基础定额与预算简明手册[M]．北京：中国建筑工业出版社，1998.

[8] 龚维丽．工程建设定额基本理论与实务[M]．北京：中国计划出版社，1997.

[9] 龚维丽，王志儒．基本建设定额和预算[M]．北京：经济科学出版社，1984.

[10] 黄伟典．工程定额原理[M]．北京：中国电力出版社，2008.

[11] 胡明德．建筑工程定额原理与概预算[M]．北京：中国建筑工业出版社，1996.

[12] 袁建新．简明工程造价计算手册[M]．北京：中国建筑工业出版社，2007.

[13] 李锦华．工程计量与计价[M]．北京：人民交通出版社，2008.

[14] 李锦华等．工程计量与计价[M]．北京：电子工业出版社，2009.

[15] 中华人民共和国住房和城乡建设部．建设工程工程量清单计价规范（GB 50500—2013）.

[16] 中华人民共和国住房和城乡建设部，中华人民共和国财政部．住房城乡建设部 财政部关于印发《建筑安装工程费用项目组成》的通知（建标［2013］44号）．2013-3-21.